"十二五"职业教育国家规划教材
经全国职业教育教材审定委员会审定

电子测量仪器及应用

主　编　吴建生

副主编　黄　杰　吴晓红　刘晓凤
　　　　朱信发　徐　培

主　审　周德仁

電子工業出版社
Publishing House of Electronics Industry
北京 · BEIJING

内 容 简 介

本书根据教育部最新制订的职业院校“电子测量仪器及应用”课程教学的基本要求，结合编者多年的教学实践，为进一步提高学生的职业技能与自主创新能力编写而成。在内容取材及安排上，以“必需”和“够用”为前提，讲清概念，强化应用。

全书分为七个教学任务，分别是分析电子测量误差、信号发生器、电子电压表、数字万用表、电子示波器、电子计数器、综合应用与评价。基于“适应性、实用性、通俗性、灵活性”的原则，本书在编写时降低了电子测量仪器工作原理的理论深度，注重和强调仪器的应用技能，理论联系实践。为了方便教师教学，本书还配有教学指南、电子教案、习题答案等教学资源。

本书可作为职业院校电子技术应用、电子与信息技术、机电一体化技术等专业的教材，也可供从事电工电子技术的工程技术人员参考使用。

图书在版编目（CIP）数据

电子测量仪器及应用 / 吴建生主编．—北京：电子工业出版社，2016.7（2025.7 重印）

ISBN 978-7-121-24768-2

Ⅰ. ①电… Ⅱ. ①吴… Ⅲ. ①电子测量设备—职业教育—教材 Ⅳ. ①TM93

中国版本图书馆 CIP 数据核字（2014）第 268622 号

策划编辑：白　楠
责任编辑：郝黎明
印　　刷：河北虎彩印刷有限公司
装　　订：河北虎彩印刷有限公司
出版发行：电子工业出版社
　　　　　北京市海淀区万寿路 173 信箱　邮编　100036
开　　本：787×1 092　1/16　印张：8.25　字数：211.2 千字
版　　次：2016 年 7 月第 1 版
印　　次：2025 年 7 月第 12 次印刷
定　　价：22.00 元

凡所购买电子工业出版社图书有缺损问题，请向购买书店调换。若书店售缺，请与本社发行部联系，联系及邮购电话：（010）88254888，88258888。

质量投诉请发邮件至 zlts@phei.com.cn，盗版侵权举报请发邮件至 dbqq@phei.com.cn。

本书咨询联系方式：（010）88254592，bain@phei.com.cn。

前言

PREFACE

“电子测量仪器及应用”课程与“电工技术基础与技能”“电子技术基础与技能”“单片机技术与应用”等课程紧密相关，是职业教育电类专业必修的一门专业技能课程，它具有理论性、综合性、实践性极强的特点。

本课程要求学生熟练掌握设备运行及维修过程中常用电子测量仪器仪表的使用，还要求学生对仪表的结构、性能、选择、维修有所了解。由于电子测量是电子产品加工生产环节以及日常设备运行中必需的检测、调试、维修手段与工具，因此对学生的基本专业认知及素质养成也有重要意义。为了达成以上课程目标，教材精选了分析电子测量误差、信号发生器、电子电压表、数字万用表、电子示波器、电子计数器、综合应用与评价七个教学任务，摒弃了一些中职学生不容易理解而且在将来就业中使用频率不高的频域测量、虚拟测量等内容，选择目前市场上比较常见的现代化电子测量仪器为学习内容，从而减轻了学生的学习负担，真正做到学以致用。

在教学内容的组织上，每一个教学任务又包括“跟我练一练”“仿真练一练”“实践量一量”“自主学一学”“拓展修一修”“探究想一想”“自评考一考”等教学环节，理实一体，使得教材具有如下特点：

1. 理论、实践教学与信息化教学手段相结合；
2. 自主、探究学习与教师导学相结合；
3. 做中学、做中教相结合；
4. 过程评价与定量评价相结合；
5. 信息化技术对教学及时评价，迅速反馈于教学。

本课程建议总学时为72学时，各任务学时分配如下：

任　务	学　时	任　务	学　时
任务1　分析电子测量误差	6	任务5　电子示波器	12
任务2　信号发生器	8	任务6　电子计数器	6
任务3　电子电压表	8	任务7　综合应用与评价	16
任务4　数字万用表	8	考试、机动	8

本教材由江苏省溧水中等专业学校吴建生老师主编、统稿；南京市莫愁中等专业学校周德仁老师策划、制定编写大纲，并对全书进行了审阅，周德仁、吴建生老师共同编写样章；江苏省高淳中等专业学校吴晓红，上海信息技术学校黄杰，江苏省溧水中等专业学校刘晓凤、朱信发，江苏省润州中等职业学校徐培等老师担任副主编。在本书编写过程中，参阅了多种同类教材、专著以及各测量仪器的产品说明书，江苏省高淳中等专业学校陈军、张瑞显老师也参与了本教材信息化教学平台资源的建设，在此一并表示感谢。

由于编者的学识和水平有限，本书不当和缺点在所难免，敬请读者批评指正。

为了方便教师教学，本书还配有教学指南、电子教案、习题答案（电子版）等教学资源。请有此需要的教师登录华信教育资源网（www.hxedu.com.cn）免费注册后进行下载，有问题时请在网站留言板留言或与电子工业出版社联系（E-mail:hxedu@phei.com.cn）。

编　者

目 录
CONTENTS

任务一

分析电子测量误差

测量与误差概述

1. 测量

测量是人类对客观事物取得数量概念的认识过程。在这种认识过程中，人们依据一定的理论，借助于专门的设备，通过实验的方法求出被测量的量值或确定一些量值的依从关系。

广义的电子测量是指利用电子技术进行的测量，狭义的电子测量是指对电子技术中各种电参量所进行的测量。电子测量涉及极宽频率范围内所有电量、磁量以及各种非电量的测量。目前，电子测量不仅因为其应用广泛而成为现代科学技术中不可缺少的手段，同时也是一门发展迅速、对现代科学技术的发展起着重大推动作用的独立学科。从某种意义上说，近代科学技术的水平是由电子测量的水平来保证和体现的。电子测量的水平是衡量一个国家科学技术水平的重要标志之一。

电子测量与其他测量相比，具有测量频率范围宽、量程广、精确度高、测量速度快、易于实现遥测遥控等优点。电子测量已被广泛应用到各个领域，大到天文观测、航空航天，小到物质结构、基本粒子，无不运用电子测量技术。狭义电子测量的内容主要包括如下几个方面。

（1）电能量的测量，如电流、电压、功率等的测量。

（2）电路、元器件参数的测量，电阻、电感、电容、阻抗的品质因数、电子器件参数等的测量。

（3）电信号特性的测量，如频率、波形、周期、时间、相位、谐波失真度、调幅度及逻辑状态等的测量。

（4）电路性能的测量，如放大倍数、衰减量、灵敏度、通频带、噪声指数等的测量。

（5）特性曲线的显示，如幅频特性、器件特性等的显示。

测量结果的量值由两部分组成：数值（大小及符号）和相应的单位名称。没有单位的量值是没有物理意义的。测量是一种比较过程，把被测量与同种类的单位量通过一定的测量方法进行比较，以确定被测量是该单位的若干倍。被测量的数值与所选单位成反比。

2. 误差

测量的目的是得到被测量的真实结果，即真值。但由于人们对客观规律认识的局限性，不可能得到被测量的真值。测量值与被测量真值之间的差异称为测量误差。根据测量误差的性质和特点，测量误差分为系统误差、随机误差和粗大误差三类。

（1）系统误差。在规定的测量条件下，对同一量进行多次测量时，如果测量误差能够保持恒定或按照某种规律变化，则这种误差称为系统误差或确定性误差，简称为系差。如电表零点不准，温度、湿度、电源电压变化等引起的误差。

（2）随机误差。随机误差又称为偶然误差或残差，简称为随差，是指在一系列重复测量中，每次测量结果出现无规律随机变化的误差。随机误差反映了测量结果的离散性，即随机误差越小，测量精密度越高。

（3）粗大误差。粗大误差又称为过失误差或疏失误差，简称为粗差，是由于操作不当、测量失误等原因造成测量结果明显偏离实际值的误差。

产生测量误差的原因是多方面的，主要来源包括仪器误差、使用误差（又称为操作误差）、人身误差、环境误差、方法误差等。进行测量时，首先应从源头堵住测量误差的产生。

测量误差有绝对误差和相对误差两种表示方法。

一、绝对误差

（一）实践量一量

1. 测量电阻

（1）用指针式万用表的电阻挡测量给定电阻的阻值，注意万用表的正确使用（机械调零、电阻调零、可靠接触、正确读数等）。

（2）更换同型号万用表，重新测量4次，将测量结果记入表1-1中。

表1-1 用指针式万用表测量电阻数据记录

电阻标称值	万用表挡位	测量结果				
		1	2	3	4	5

（3）用数字万用表测量同一电阻，读出电阻的阻值，记录在表1-2中。

表1-2 用数字式万用表测量电阻数据记录

电阻标称值	万用表量程	测量结果

2. 测量直流电压

（1）按照图1-1（a）连接电路，将电位器阻值调至最大，接通电源，调节电位器至发光二极管亮度合适。

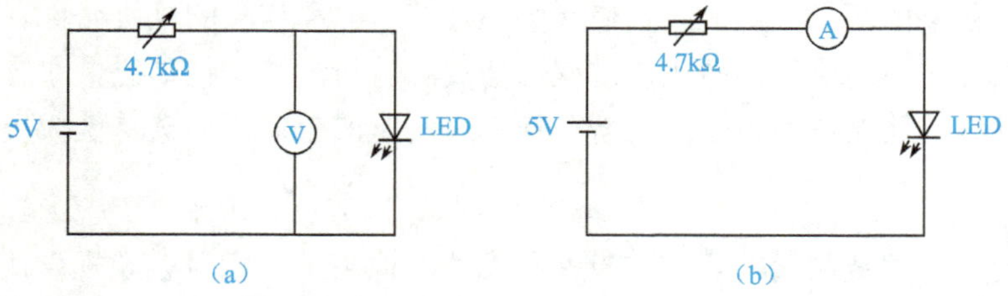

图1-1 测量直流电压和直流电流实验电路

（2）用指针式万用表的电压测量发光二极管两端的电压，注意电压的极性和量程的正确选择。更换同型号万用表，重新测量4次，将测量结果记入表1-3中。

表 1-3　用指针式万用表测量直流电压数据记录

万用表量程	测量结果				
	1	2	3	4	5

（3）用数字万用表重复上述测量，将测量结果记录在表 1-4 中。

表 1-4　用数字式万用表测量电阻数据记录

万用表量程	测量结果

3. 测量直流电流

（1）断开上述电路中电位器与发光二极管之间的连线，按照图 1-1（b）将万用表接入电路，用指针式万用表的电流挡测量发光二极管上的电流，注意电流的极性和量程的正确选择。更换同型号万用表，重新测量 4 次，将测量结果记入表 1-5 中。

表 1-5　用指针式万用表测量直流电流数据记录

万用表量程	测量结果				
	1	2	3	4	5

（2）用数字万用表重复上述测量，将测量结果记录在表 1-6 中。

表 1-6　用数字式万用表测量电阻数据记录

万用表量程	测量结果

（二）探究想一想

1. 根据误差产生的原因，分析五次测量数据不同的原因。

2. 与标准值比较

（1）若将数字万用表的测量结果试作标准值 A，指针式万用表的测量结果视作测量值 A_X，根据绝对误差的定义完成表 1-7。

表 1-7　测量值与标准值的比较

测量次数		1	2	3	4	5
绝对误差 $\Delta X = A_X - A$	电阻测量（Ω）					
	电压测量（V）					
	电流测量（A）					

（2）分析表 1-7，说明测量误差分布的特点。

（三）自主学一学

1. 有效数字

1）有效数字的定义

有效数字：指从最左面一位非零数字算起，到含有误差的那位存疑数字为止的所有数字。测量过程中，通常要在量程最小刻度的基础上，多估读一位数字作为测量值的最后一位，此估读数字称为欠准数字。欠准数字后的数字是无意义的，不必记入。例如，某电压表 50V 量程的分辨力为 1V，如果读出 35.6V 是恰当的，但不能读成 35.58V。

电子测量中，如果未标明测量误差或分辨力，通常可以从有效数字的位数估计出测量误差，一般规定误差不超过有效数字末位单位的一半。例如，1.00A，则测量误差不超过±0.005A。“0”在最左面为非有效数字。例如，0.02kΩ，两个零均为非有效数字。“0”在最右面或两非零数字之间均为有效数字，不得在数据的右面随意加“0”。有效数字不能因选用的单位变化而改变。如测量结果为 3.0A，它的有效数字为两位。如改用 mA 做单位，将 3.0A 改写成 3000mA，则有效数字变成四位，是错误的，应改写成 3.0×10^3mA，此时它的有效数字仍为两位。

2）数字的舍入规则

超过保留位数的有效数字，应予删略，删略的原则是：

（1）四舍六入。

（2）若超过保留数字末位数为“5”时。

① 如“5”后为非 0 数，则“入”。

② 如“5”后为 0，则用“求偶数法则”，——即是原为奇数则加 1 变为偶数，原为偶数不变。

【例 1-1】将下列数字保留三位有效数字。

27.631	13.483	18.45001
13.35	13.45	600000

解：

27.631→27.6	13.483→13.5	18.45001→18.5
13.35→13.4	13.45→13.4	600000→6.00×10^5

由上述可见，经过数字舍入后，末位是欠准数字（或叫存疑数字），末位以前的数字为准确数字，末位欠准的程度不超过该位单位的一半。

3）有效数字的运算

当需要对几个测量数据进行运算时，要考虑有效数字保留多少位的问题，以便不使运算过于麻烦而又能正确反映测量的准确度。保留的位数原则上取决于各数据中准确度最低的那一项。

（1）加减法运算采用小数点对齐法则，数据的保留位数以小数点后位数最少的数为准，各项无小数点则以有效位数最少者为准，其余各数可多取一位，舍入处理后再进行计算。运算结果的小数点位数应与参与运算的小数点位数最少的相同。

（2）乘除法运算采用最少有效数字法则，数据的保留位数以有效数字位数最少的数为准，其余各数字可多取一位，舍入处理后再进行计算。运算结果的有效数字位数应与参与运算的有效数字位数最少的相同。

（3）乘方与开方的运算结果应比原数据多保留一位有效数字；取对数运算前后的有效数字位数应相等。

【例 1-2】对下列数据式子进行有效数字的计算。

6.362+2.4+2.355　　　　　24.31×0.42÷2.09

解：$6.362 + 2.4 + 2.355 \approx 6.36 + 2.4 + 2.36 = 11.12 \approx 11.1$

$24.31 \times 0.42 \div 2.09 \approx 24.3 \times 0.42 \div 2.09 = 4.883 \approx 4.9$

2. 测量值、真实值和准确值

任何物理量必然存在一个真实的数值，这个数值称为真值。真值是在研究某物理量时在一定条件下严密定义的量值，一般说来是难以准确测量出来的。

在测量中，测量得到的数值称为测量值。测量值由准确值+估计值组成。准确值是计量上的一个概念。比如，用电压表测量电压的大小，准确值就是能够测量出来或能够读出来的该电压大小的数值。其精确程度与刻度尺的最小单位有关，单位越小，精度越高。估计值就是在准确值之后，再估读一位的数值。

【例 1-3】在进行某交流电压测量时，电压表表头及指针指示如图 1-2 所示，试读出该交流电压的测量值。

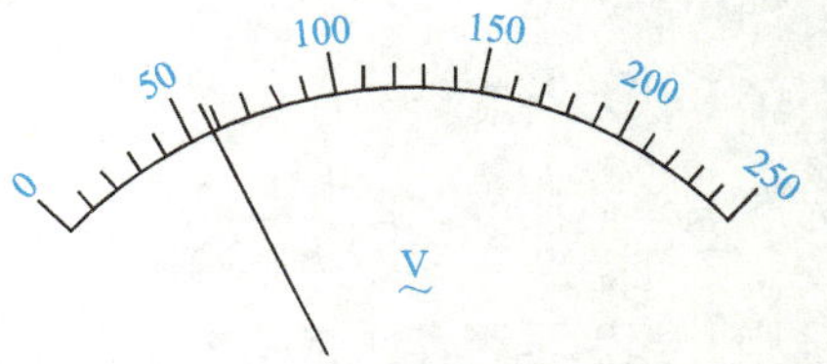

图 1-2　某交流电压表表头

解：该电压表量程为 250V，共 25 分格，故灵敏度(或分辨率)为 10V/div；

本次测量准确值=10V/div×5div=50V；

估计值=10V/div×0.8div=8V；

故该交流电压的测量值为 58V。

3. 绝对误差

测量值与被测量真值之差称为绝对误差。设被测量的真值为 A_0，测量值为 A_X，则绝对误差 ΔX 可以表示为

$$\Delta X = A_X - A_0$$

由于真值 A_0 一般无法得到，通常用约定真值(实际值)A 来代替真值 A_0，即

$$\Delta X = A_X - A$$

通常把高一等级的标准器具所复现的量值作为约定真值。

【例 1-4】普通电流表测一电流为 0.78mA，精密检流计测得值为 0.76mA，求绝对误差。

解：绝对误差 $\Delta X = A_X - A$

$= 0.78 - 0.76 = 0.02\text{mA}$

在实际测量中还要用到修正值，修正值 C 是与绝对误差大小相等、符号相反的值，即

$$C = -\Delta X$$

计量器具的修正值，可通过检测由高一级标准器具给出，它可以是表格、曲线或函数表

达式等形式。利用修正值对测量值进行修正，即可得到被测量的实际值。

$$A = A_X + C$$

4. 平均值

对同一个量值作一系列等精度独立测量，其测量列中的全部测量值的算术平均值是最可靠的测量结果，称为算术平均值原理。

设被测量的等精度测量值为 x_1，x_2，…，x_n，则其算术平均值为：

$$\bar{x} = \frac{1}{n}(x_1 + x_2 + \cdots + x_n) = \frac{1}{n}\sum_{i=1}^{n} x_i$$

进行多次测量求均值可消除可能出现的随机误差。

5. 测量数据处理

当对某一量进行等精度测量时，测量值中可能含有系统误差、随机误差和疏失误差，为了给出正确合理的结果，应按下述基本步骤对测得的数据进行处理。

（1）利用修正值等办法，对测得值进行修正，将已减弱恒值系差影响的各数据 x_i 依次列成表格。

（2）求出算术平均值 $\bar{x} = \frac{1}{n}\sum_{i=1}^{n} x_i$ 。

（3）求剩余误差（残差）$v_i = x_i - v_1 = x_1 - \bar{x}$。

（4）用贝塞尔公式计算标准偏差估计值 $\hat{\sigma} = \sqrt{\frac{1}{n-1}\sum_{i=1}^{n} v_i^2}$ 。

（5）利用莱特准则（3σ准则）判别是否存在粗差。如果 $|v_i| > 3\hat{\sigma}$ ，则该次测量值 x_i 为坏值，剔除 x_i 后再按照上述步骤重新计算，直到不存在坏值并且剔除坏值后的测量次数不少于 10 次为止，如果不满 10 次应重新测量。

（6）判断有无系差。若有系差，应查明原因，修正或消除系差后重新测量。

（7）求算术平均值 $\bar{x} \to \infty$ 的标准偏差估计值 $\hat{\sigma}_{\bar{x}} = \hat{\sigma}/\sqrt{n}$ 。

（8）给出测量结果的表达式，即

$$A = \bar{x} \pm 3\hat{\sigma}_{\bar{x}}$$

式中，$\bar{x}$ 称为测量值；$\pm 3\hat{\sigma}_{\bar{x}}$ 称为不确定度。置信度即可信程度，不确定度数值越大，置信度越高，丢失真实数据的可能性越小。

【例 1-5】 两个电压的实际值分别为 U_{1A}=100V，U_{2A}=10V；测量值分别为 U_{1X}=98V，U_{2X}=9V。求两次测量的绝对误差。

解： $\triangle U_1 = U_{1X} - U_{1A} = 98 - 100 = -2\text{V}$

$\triangle U_2 = U_{2X} - U_{2A} = 9 - 10 = -1\text{V}$

（四）自评考一考

判断题

1. 所有的测量结果都必须有单位。（　　）
2. 对于同一个物理量的测量，绝对误差越小，说明仪表越准确。（　　）
3. 多次测量并计算测量结果的平均值，可以消除由于测量方法的缺陷带来的测量误差。（　　）

4．计量器具的修正值，可通过检定由高一级标准器具给出，通常为一个固定的数值。（　　）

5．由于引起偶然误差的因素是无法控制的，偶然误差的变化不能预先确定，所以偶然误差不能修正，仅仅只能估计而已。（　　）

6．进行重复多次的平行实验，并取结果的平均值，可以消除偶然误差。（　　）

7．随着科学技术的进步，测量结果能逼近真值并达到真值。（　　）

8．修正值的绝对值等于绝对误差。含有误差的测量值，加上修正值后就可能补偿或减少误差的影响。（　　）

选择题

1．按有效数字运算规则进行运算，13.04+4.7051=（　　）。

A．17.74　　B．17.75　　C．17.7　　D．17.745

2．按有效数字运算规则进行运算，26.0−3.845=（　　）。

A．22.16　　B．22.15　　C．22.2　　D．22.1

3．按有效数字运算规则进行运算，220×0.3=（　　）。

A．66　　B．70　　C．7×10^1　　D．6×10^1

4．按有效数字运算规则进行运算，380÷2=（　　）。

A．190　　B．200　　C．2×10^2　　D．1.9×10^2

5．利用 MF47 型万用表测直流电流时，表头及指针如图 1-3 所示，所选量程为 50mA 挡，则该测量的准确值、估计值、测量值分别是（　　）。

A．30mA，2.8mA，32.8mA　　B．32mA，0.8mA，32.8mA

C．30mA，3mA，33mA　　D．33mA，0mA，33mA

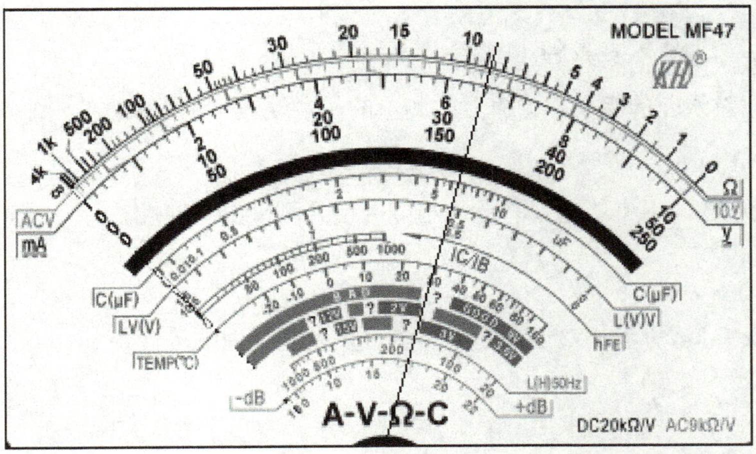

图 1-3　MF47 型万用表表头

6．利用 MF47 型万用表测电阻时，表头及指针如图 1-3 所示，所选量程为 R×100 挡，则该测量的准确值、估计值、测量值分别是（　　）。

A．800Ω，70Ω，870Ω　　B．8×100Ω，0.7×100Ω，8.7×100Ω

C．850Ω，20Ω，870Ω　　D．8.5×100Ω，0.2×100Ω，8.7×100Ω

7．用 MF47 型万用表和准确度更高的数字万用表测量标称阻值为 100Ω 的电阻时，测量值分别是 98Ω 和 99.8Ω，则用 MF47 型万用表测量该电阻时的绝对误差是（　　）。

A. 1.8Ω　　B. −1.8Ω　　C. 2Ω　　D. −2Ω

8. 用 MF47 型万用表和准确度更高的数字万用表测量标称阻值为 100Ω 的电阻时，测量值分别是 98Ω 和 99.8Ω，则用数字万用表测量该电阻时的绝对误差是（　　）。

A. 0.2Ω　　B. −0.2Ω　　C. 1.8Ω　　D. 无法确定

二、相对误差

（一）实践量一量

测量电阻

（1）用 MF47 型万用表的 R×1、R×10、R×100、R×1k、R×10k 挡分别测量给定的五个不同数量级的电阻，将测量结果填入表 1-8。

（2）用数字万用表的合适量程测量上述五个电阻，将测量结果作为真值，填入表 1-8。

表 1-8　电阻的测量

电阻标称值						
用 MF47 型万用表测量	挡位					
	测量值 A_X					
真值 A						
绝对误差 ΔX						
相对误差						

（二）探究想一想

1. 绝对误差与相对误差的区别与关联

（1）计算五次测量的绝对误差，填入表 1-8。

（2）根据相对误差的定义，计算五次测量的相对误差，填入表 1-8。

2. 五次测量的准确性

（1）分析表 1-8，思考绝对误差的大小能否反映测量的准确性？

（2）分析表 1-8，思考相对误差的大小能否反映测量的准确性？

（三）自主学一学

1. 相对误差

为了更确切地反映出不同量值的测量质量，就要用相对误差来表示。

测量的绝对误差与被测量的约定值之比称为相对误差，常用百分数来表示。约定值可以是实际值 A、示值 A_X 或仪器的满量程值 A_m。因此，相对误差又分为实际相对误差、示值相对误差和引用误差（又称为满度相对误差）。

（1）实际相对误差 γ_A

实际相对误差用绝对误差 ΔX 与被测量的实际值 A 的百分比来表示，即

$$\gamma_A = \frac{\Delta X}{A} \times 100\%$$

（2）示值相对误差 γ_X

示值相对误差用绝对误差 ΔX 与被测量的示值 A_X 的百分比来表示，即

$$\gamma_X = \frac{\Delta X}{A_X} \times 100\%$$

对于一般的工程测量，用 γ_X 来表示测量的准确度较为方便。

（3）引用误差 γ_m

引用误差是用测量器具的最大绝对误差与其特定值的百分比来表示的。特定值又称为引用值，通常取测量器具的满量程值 A_m，即

$$\gamma_m = \frac{\Delta X_m}{A_m} \times 100\%$$

2. 相对误差的应用

绝对误差虽然可以说明测量结果偏离实际值的情况，但不能确切反映测量的准确程度，不便于看出对整个测量结果的影响，而相对误差则反映了测量结果的可信程度。

【例 1-6】两个电压的实际值分别为 U_{1A}=100V，U_{2A}=10V；测量值分别为 U_{1X}=98V，U_{2X}=9V。求两次测量的绝对误差和相对误差。

解：$\Delta U_1 = U_{1X} - U_{1A} = 98 - 100 = -2\text{V}$

$\Delta U_2 = U_{2X} - U_{2A} = 9 - 10 = -1\text{V}$

$|\Delta U_1| > |\Delta U_2|$，两者的相对误差分别为

$$\gamma_{A1} = \frac{\Delta U_1}{U_{1A}} = -\frac{2}{100} \times 100\% = -2\%$$

$$\gamma_{A2} = \frac{\Delta U_2}{U_{2A}} = -\frac{1}{10} \times 100\% = -10\%$$

$|\gamma_{A1}| < |\gamma_{A2}|$，说明 U_2 的测量准确度低于 U_1。

3. 绝对误差与相对误差的综合应用

引用误差常用于表示仪器仪表，特别是电工仪表的误差。引用误差给出了仪表各量程内绝对误差不应超过的最大值。指针式电工仪表的准确度等级通常分为 0.1、0.2、0.5、1.0、1.5、2.5、5.0 共七级，分别表示仪表引用误差所不超过的百分比。如某型万用表面板上的“～5.0”，表示该型万用表测量交流量时的引用误差为±5.0%。

【例 1-7】检定一个 1.5 级、满量程值为 10V 的电压表，若在 5V 处的绝对误差最大值为 0.12V（即其他刻度处的绝对误差均小于 0.12V），问该仪表是否合格？

解：该表的引用误差为

$$\gamma_m = \frac{\Delta X_m}{A_m} = \frac{0.12\text{V}}{10\text{V}} = 1.2\%$$

因为 γ_m=1.2%<1.5%，因此该表是合格的。

【例 1-8】被测电压的实际值在 10V 左右，现有 150V、0.5 级和 15V、1.5 级两块电压表，

问选用哪块表更为合适？

解：若使用150V、0.5级电压表，它的最大绝对误差为：

$$\Delta U_m = \pm 0.5\% \times 150V = \pm 0.75V$$

若表头的示值为10V，则测量的相对误差γ_1为：

$$\gamma_1 = \frac{\pm 0.75V}{10V} \times 100\% = \pm 7.5\%$$

同理，用15V、1.5级电压表测量，则相对误差γ_2为：

$$\gamma_2 = \frac{\pm 1.5\% \times 15V}{10V} \times 100\% = \pm 2.25\%$$

显然，应选用15V、1.5级电压表。

说明：由此可见，在测量中，应根据被测量的大小，合理选择仪表量程，并兼顾准确度等级，而不能片面追求仪表的级别。

（四）自评考一考

判断题

1．相对误差越小，说明测量越准确。（　　）
2．仪表的引用误差越小，测量时相对误差也越小。（　　）
3．准确度等级为0.5的仪表，其引用误差为±0.5%。（　　）
4．工程上，通常用示值相对误差代替实际相对误差。（　　）
5．相对误差反映出误差在测定结果中所占的分数，是没有单位的。（　　）
6．在有的场合，使用相对误差要比绝对误差更能说明测量的准确程度。（　　）

选择题

1．测量12V的直流电压时，万用表的指示值是11.5V，则该测量的绝对误差和实际相对误差是（　　）。

A．0.5V，4.17%　　B．−0.5V，−4.17%

C．0.5V，4.35%　　D．−0.5V，−4.35%

2．测量12V的直流电压时，万用表的指示值是11.5V，则该测量的绝对误差和示值相对误差是（　　）。

A．0.5V，4.17%　　B．−0.5V，−4.17%

C．0.5V，4.35%　　D．−0.5V，−4.35%

3．某电压表，量程为50V，准确度等级为1.0，则使用该电压表测量36V电压时可能产生的最大绝对误差是（　　）。

A．±0.14V　　B．±0.36V　　C．±0.5V　　D．无法确定

4．某电压表，量程为50V，准确度等级为1.0，则使用该电压表测量36V电压时可能产生的最大相对误差是（　　）。

A．1.39%　　B．−1.39%　　C．±1.39%　　D．无法确定

5．测量20V左右的电压，要求相对误差不超过±5%，应选择的电压表是（　　）。

A．25V，2.5级　　B．25V，5.0级　　C．100V，0.5级　　D．50V，1.5级

6．用量程为250V、准确度等级为1.0的电压表测量220V电压时，若读数为118V，则

该测量的相对误差和引用误差分别是（　　）。

A．-0.91%，±0.8%　　B．-0.91%，±1%

C．0.91%，±0.8%　　D．0.91%，±1%

三、单元测评

判断题

1．对于同一个物理量的测量，绝对误差越小，说明仪表越准确。（　　）

2．多次测量并计算测量结果的平均值，可以消除由于测量方法的缺陷带来的测量误差。（　　）

3．由于引起偶然误差的因素是无法控制的，偶然误差的变化不能预先确定，所以偶然误差不能修正，仅仅只能估计而已。（　　）

4．进行重复多次的平行实验，并取结果的平均值，可以消除偶然误差。（　　）

5．随着科学技术的进步，测量结果能逼近真值并达到真值。（　　）

6．修正值的绝对值等于绝对误差。含有误差的测量值，加上修正值后就可能补偿或减少误差的影响。（　　）

7．仪表的引用误差越小，测量时相对误差也越小。（　　）

8．准确度等级为 0.5 的仪表，其引用误差为±0.5% 。（　　）

9．工程上，通常用示值相对误差代替实际相对误差。（　　）

10．相对误差反映出误差在测定结果中所占的分数，是没有单位的。（　　）

选择题

1．按有效数字运算规则进行运算，13.04+4.7051=（　　）。

A．17.74　　B．17.75　　C．17.7　　D．17.745

2．按有效数字运算规则进行运算，26.0-3.845=（　　）。

A．22.16　　B．22.15　　C．22.2　　D．22.1

3．按有效数字运算规则进行运算，220×0.3=（　　）。

A．66　　B．70　　C．7×10　　D．6×10^1

4．按有效数字运算规则进行运算，380÷2=（　　）。

A．190　　B．200　　C．2×10^2　　D．1.9×10^2

5．利用 MF47 型万用表测直流电流时，表头及指针如图 1-3 所示，所选量程为 50mA 挡，则该次测量的准确值、估计值、测量值分别是（　　）。

A．30mA，2.8mA，32.8mA　　B．32mA，0.8mA，32.8mA

C．30mA，3mA，33mA　　D．33mA，0mA，33mA

6．利用 MF47 型万用表测电阻时，表头及指针如图 1-4 所示，所选量程为 R×100 挡，则该次测量的准确值、估计值、测量值分别是（　　）。

A．800Ω，70Ω，870Ω

B．8×100Ω，0.7×100Ω，8.7×100Ω

C．850Ω，20Ω，870Ω

D．8.5×100Ω，0.2×100Ω，8.7×100Ω

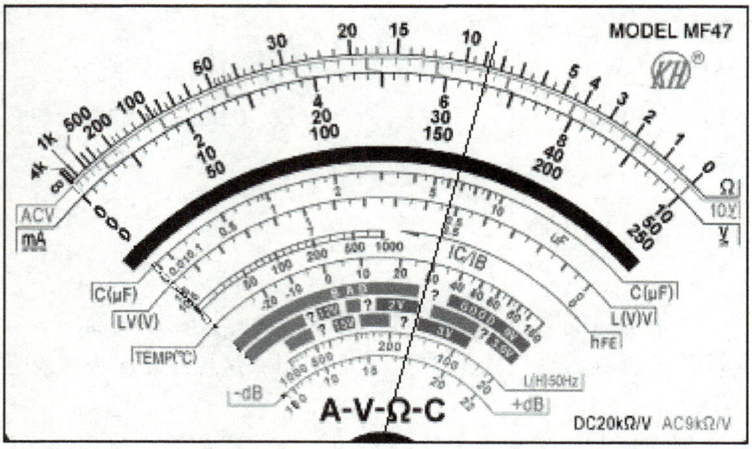

图 1-4 MF47 型万用表表头

7．用 MF47 型万用表和准确度更高的数字万用表测量标称阻值为 100Ω 的电阻时，测量值分别是 98Ω 和 99.8Ω，则用 MF47 型万用表测量该电阻时的绝对误差是（ ）。

A．1.8Ω B．−1.8Ω C．2Ω D．−2Ω

8．测量 12V 的直流电压时，万用表的指示值是 11.5V，则该测量的绝对误差和实际相对误差是（ ）。

A．0.5V，4.17% B．−0.5V，−4.17%

C．0.5V，4.35% D．−0.5V，−4.35%

9．某电压表量程为 50V，准确度等级为 1.0，则使用该电压表测量 36V 电压时可能产生的最大绝对误差是（ ）。

A．±0.14V B．±0.36V C．±0.5V D．无法确定

10．测量 20V 左右的电压，要求相对误差不超过±5%，应选择的电压表是（ ）。

A．25V，2.5 级 B．25V，5.0 级 C．100V，0.5 级 D．50V，1.5 级

任务二

信号发生器

信号发生器概述

信号发生器是指产生所需参数的电测试信号的仪器，是一种精密的测试仪器。按信号波形可分为正弦信号、函数（波形）信号、脉冲信号和随机信号发生器等四大类。信号发生器因具有连续信号、扫频信号、函数信号、脉冲信号等多种输出信号，并具有多种调制方式以及外部测频功能，是电子工程师、电子实验室、生产线及教学、科研必须配备的设备。常见的信号发生器有以下几种。

（1）低频信号发生器：包括音频（200Hz～20000Hz）和视频（1Hz～10MHz）范围的正弦波发生器，如图 2-1 所示。主振级一般用 RC 式振荡器，也可用差频振荡器。为便于测试系统的频率特性，要求输出幅频特性平和波形失真小。图 2-1（a）为 RAG-101 低频信号发生器，RAG-101 型低频信号发生器可产生 10 Hz 到 1 MHz 信号，信号输出失真极小，输出电压从 0 分贝到 60 分贝以每 10 分贝逐级衰减，同时配有随外信号同步的端子，使得极小的信号可以控制强信号的输出。

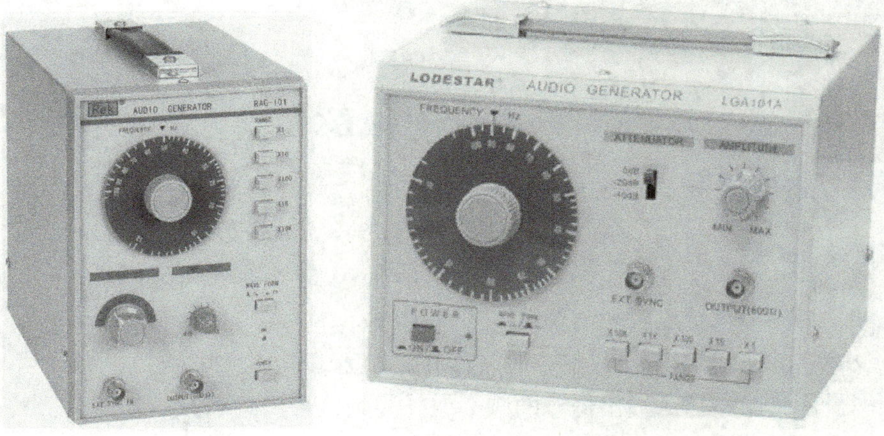

（a）　　　　（b）

图 2-1　低频信号发生器

（2）高频信号发生器：是指输出频率为 100kHz～30MHz 的高频、30Hz～300MHz 的甚高频信号发生器，如图 2-2 所示。一般采用 LC 调谐式振荡器，频率可由调谐电容器的度盘刻度或显示屏读出，主要用途是测量各种接收机的技术指标。图 2-2（a）为安泰信 AT8010D 高频标准信号发生器，可以设定载体频率（5kHz～1100MHz），可以输出 FM/AM 调制及

-14dBμV～126dBμV（EMF）的 RF 电平。而且备齐低 FM/AM　Diatotion 及高 S/N 比 Memory 存储机能，所以适合在 RF（Radio　Frequency）关系开发及修理。

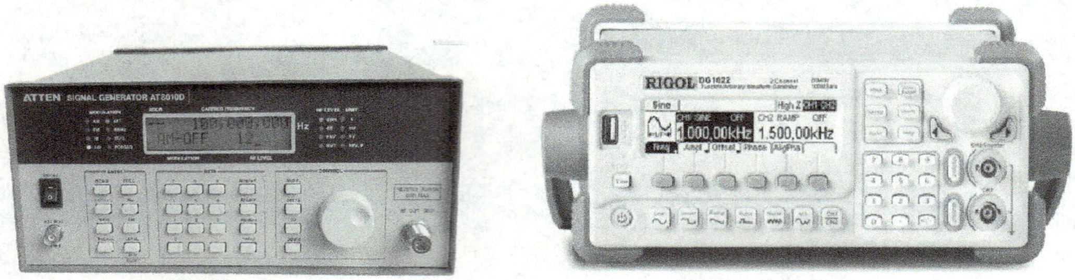

（a）　　（b）

图 2-2　高频信号发生器

（3）函数发生器：又称波形发生器。它能产生某些特定的周期性时间函数波形（主要是正弦波、方波、三角波、锯齿波和脉冲波等）信号，如图 2-3（a）所示。图 2-3（a）为 Agilent 33250A 函数信号发生器，Agilent 33250A 的性能几乎比同等价格的任何其他发生器高一倍。其 80MHz 带宽能适应各种各样的应用要求，它具有各种内置信号、自定义的任意波形和脉冲能力，能帮助您验证设计，检验新的构想。直接数字合成技术能获得稳定、精确和低失真的输出信号。

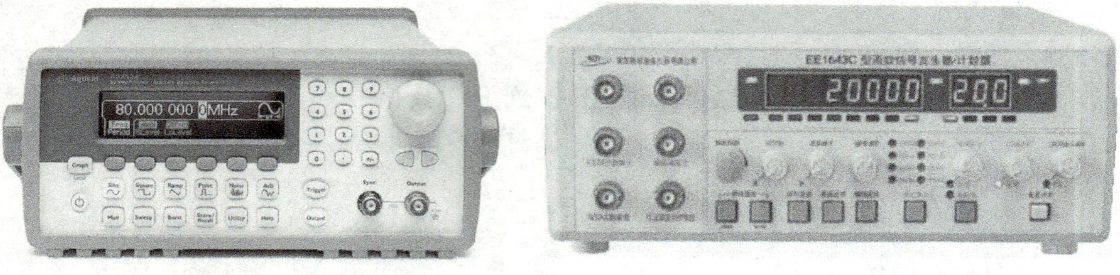

（a）　　（b）

图 2-3　函数信号发生器

一、信号发生器的使用

（一）跟我练一练

1. 信号发生器面板功能按钮的使用

前面板布局如图 2-4 所示，各部分的名称和作用如下。

① 频率显示窗口：显示输出信号的频率或外测频信号的频率。

② 幅度显示窗口：显示函数输出信号的幅度。

③ 频率微调电位器：调节此旋钮可改变输出频率的 1 个频程。

④ 输出波形占空比调节旋钮：调节此旋钮可改变输出信号的对称性。当电位器处在中心位置时，则输出对称信号。

⑤ 函数信号输出信号直流电平调节旋钮：调节范围：-10V～+10V（空载），-5V～+5V（50Ω 负载），当电位器处在中心位置时，则为 0 电平。

⑥ 函数信号输出幅度调节旋钮：调节范围 20dB。

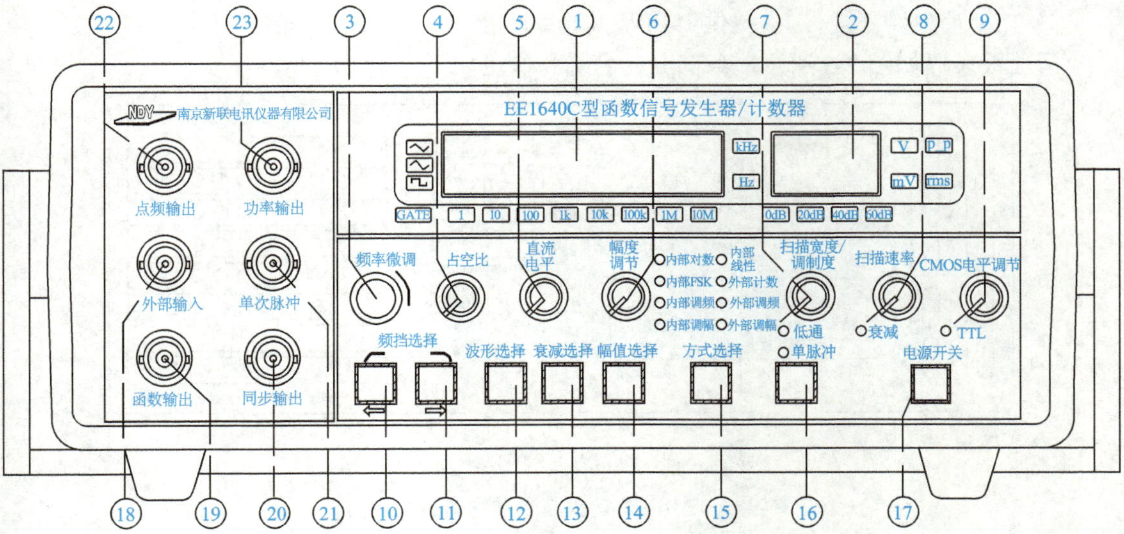

图 2-4　EE1641C 函数信号发生器的前面板图

⑦ 扫描宽度/调制度调节旋钮：调节此电位器可调节扫频输出的频率宽度。在外测频时，逆时针旋到底（绿灯亮），为外输入测量信号经过低通开关进入测量系统。在调频时调节此电位器可调节频偏范围，调幅时调节此电位器可调节调幅调制度，FSK 调制时调节此电位器可调节高低频率差值，逆时针旋到底时为关调制。

⑧ 扫描速率调节旋钮：调节此电位器可以改变内扫描的时间长短。在外测频时，逆时针旋到底（绿灯亮），为外输入测量信号经过衰减“20dB”进入测量系统。

⑨ CMOS 电平调节旋钮：调节此电位器可以调节输出的 CMOS 的电平。

⑩ 左频段选择按钮：每按一次此按钮，输出频率向左调整一个频段。

⑪ 右频段选择按钮：每按一次此按钮，输出频率向右调整一个频段。

⑫ 波形选择按钮：可选择正弦波、三角波、脉冲波输出。

⑬ 衰减选择按钮：可选择信号输出的 0dB、20dB、40dB、60dB 衰减的切换。

⑭ 幅值选择按钮：可选择正弦波的幅度显示的峰－峰值与有效值之间的切换。

⑮ 方式选择按钮：可选择多种扫描方式、多种内外调制方式以及外测频方式。

⑯ 单脉冲选择按钮：控制单次脉冲输出，每按下一次此按键，单次脉冲输出电平翻转一次。

⑰ 整机电源开关：此按键按下时，机内电源接通，整机工作；此键释放为关掉整机电源。

⑱ 外部输入端：当方式选择按钮⑮选择在外部调制方式或外部计数时，外部调制控制信号或外测频信号由此输入。

⑲ 函数输出端：输出多种波形受控的函数信号，输出幅度 $20V_{P\text{-}P}$（空载），$10V_{P\text{-}P}$（50Ω负载）。

⑳ 同步输出端：当 CMOS 电平调节旋钮⑨逆时针旋到底时，输出标准的 TTL 幅度的脉冲信号，输出阻抗为 600Ω；当 CMOS 电平调节旋钮打开，则输出 CMOS 电平脉冲信号，高电平在 5V～13.5V 可调。

㉑ 单次脉冲输出端：单次脉冲输出由此端口输出。

㉒ 点频输出端（选件）：提供 50Hz 的正弦波信号。

㉓ 功率输出端（选件）：提供≥10W 的功率输出。

后面板布局如图 2-5 所示，各部分的名称和作用如下。

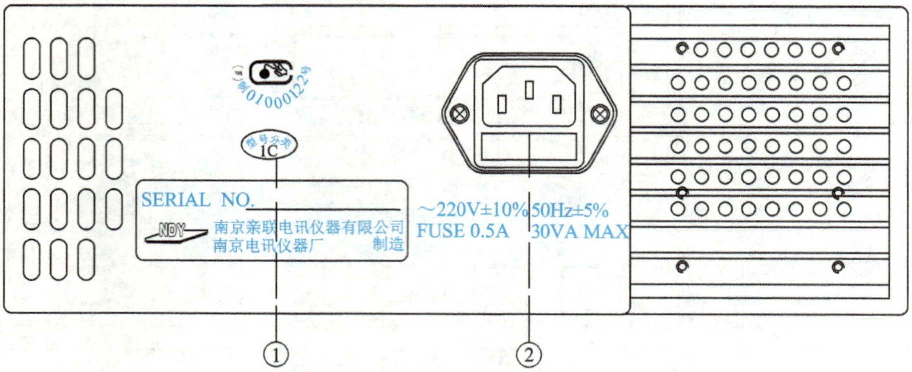

图 2-5 EE1641C 函数信号发生器的后面板图

① 型号分类标识：区分 EE1640C 型函数信号发生器/计数器中型号，如 1C、2C、2C1、3C 等。

② 内置保险丝电源插座（AC220V）：交流市电 220V 输入插座，座内保险容量为 0.5A。

2. 用电子示波器观察信号发生器的输出信号

（1）1kHz、100mV 正弦波信号调节步骤。

① 开启信号发生器和示波器电源，开关指示灯显示。

② 使用信号线将信号发生器函数输出端与示波器 CH1 输入端对接。

③ 选择信号发生器波形选择按钮，选择正弦波。

④ 选择所需信号的频率范围，按下 1kHz 挡级开关，调节微调旋钮，将其调至 1kHz。

⑤ 调节信号的幅度，选择 20dB 衰减挡级开关，将幅度调整至 100mV。

这样我们就得到了 1kHz、100mV 正弦波信号，在实际操作中，频率读信号发生器，幅度读示波器上的波形读数，也就是以示波器幅度读值为准。

注：从输出接线柱分清正负连接信号输出插线，如图 2-6 所示。

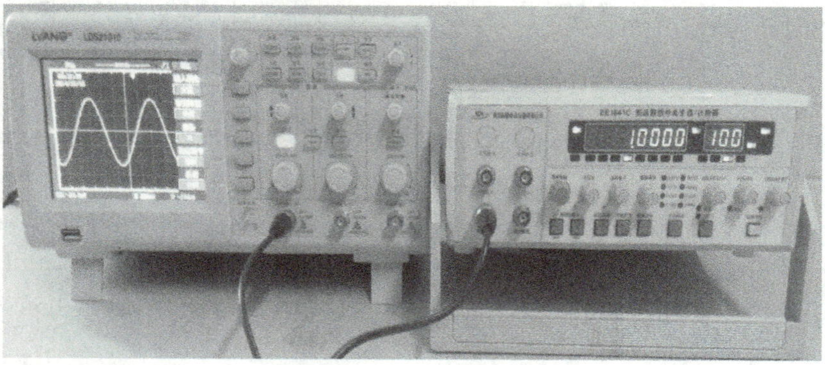

图 2-6 用电子示波器观察信号发生器的输出信号

（2）1kHz、100mV 三角波和 1kHz、100mV 方波调节只在波形选择上不同，按下相应的波形选择按钮，即可得到相应的波形。

（3）1kHz TTL 信号操作步骤。

① 开启信号发生器和示波器电源，开关指示灯亮。

② 使用信号线将信号发生器同步输出端与示波器 CH1 对接。

③ 选择信号发生器 COMS/TTL 选择旋钮，逆时针旋转至指向 TTL 灯亮处。

④ 选择所需信号的频率范围，按下 1kHz 挡级开关，适当调节微调旋钮，将其调至 1kHz。

⑤ TTL 信号幅度是定值，为 4.5V 左右，如图 2-7 所示。

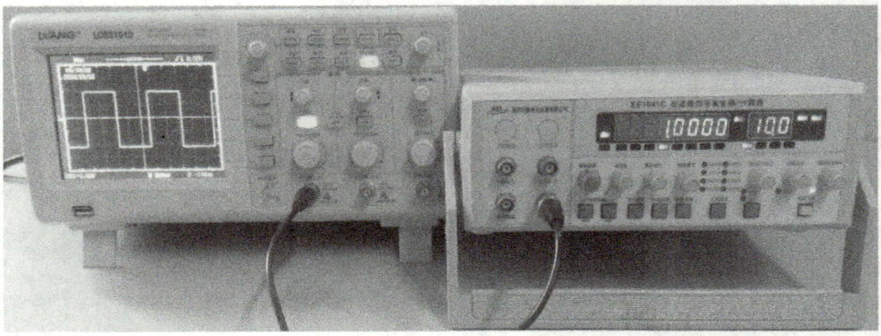

图 2-7 用电子示波器观察信号发生器的输出 TTL 信号

（二）仿真练一练

1．在仿真软件中，将示波器的 CH1 输入端与信号发生器的函数输出端连接，如图 2-6 所示。

2．设置输出幅值为 50mV，频率为 1kHz 的正弦波，用示波器观测波形。

（1）点击频挡选择按钮，粗略找到相应频率的挡位（1kHz），然后使用细调按钮调节频率，使之调到要求频率。

（2）点击波形选择按钮，使频率波形调至正弦波形，用示波器观测波形。

（3）旋转幅度调节按钮，调节幅值电压为 50mV，如果调节过程调节不到最小单位可使用衰减按钮。

3．设置输出幅值为 1V，频率为 10kHz 的三角波。

（1）点击频挡选择按钮，粗略找到相应频率的挡位（10kHz），然后使用细调按钮调节频率使之调到要求频率。

（2）点击波形选择按钮，使频率波形调至三角波形。

（3）旋转幅度调节按钮，调节幅值电压为 1V，如果调节过程调节不到最小单位可使用衰减按钮。

（三）实践用一用

1．信号发生器面板功能按钮的使用

设计操作步骤，使信号发生器分别输出下列信号：

（1）1kHz、500mV 正弦波输出波形。

（2）2kHz、1V 三角波输出波形。

（3）1kHz、100mV 方波输出波形。

（4）1kHz、TTL 信号输出波形。

2．用电子示波器观察信号发生器的输出信号，完成实验表格 2-1。

表 2-1　用电子示波器观察信号发生器的输出信号记录表

波形 1	示波器 X 轴分辨率	波形频率
	示波器 Y 轴分辨率	波形峰峰值
波形 2	示波器 X 轴分辨率	波形周期
	示波器 Y 轴分辨率	波形峰峰值
波形 3	示波器 X 轴分辨率	波形频率
	示波器 Y 轴分辨率	波形峰峰值
波形 4	示波器 X 轴分辨率	波形周期
	示波器 Y 轴分辨率	波形峰峰值

二、信号发生器的结构与原理

（一）自主学一学

1. 信号发生器的组成

不同类型的信号发生器其性能、用途虽然各不相同，但基本构成是相似的，一般信号发生器的基本组成框图如图 2-8 所示，它包括主振器、变换器、放大器、指示器、输出电路及电源等几部分。

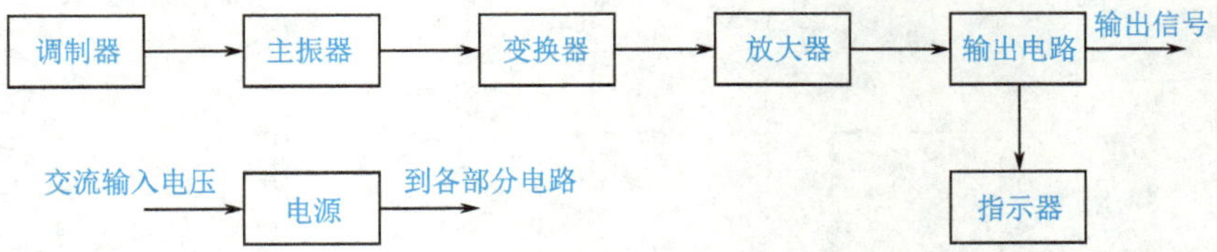

图 2-8　一般信号发生器的基本组成框图

（1）主振器

主振器是信号发生器的核心部分，由它产生各种不同频率的信号。主振器通常是正弦波振荡器或多谐振荡器。它决定了信号发生器的工作频率范围、频率稳定度、频率准确度等一些重要性能。

（2）变换器

变换器包括信号调制器、脉冲形成器、波形变换器等，它将主振器的输出信号进行调制或变换，输出所要求的波形。

（3）放大器

放大器包括缓冲放大器、电压放大器、功率放大器等，它将振荡器的输出信号进行隔离和放大，以提高信号电压，或使信号发生器具有一定的输出功率。

（4）输出电路

输出电路包括输出衰减器、阻抗变换器、射极跟随器等。它用于输出电压调整和输出阻抗变换，为被测设备提供所需要的信号电压或功率。

（5）指示器

指示器用来监视输出信号。不同功用的信号发生器，指示器的种类也不同，它可以是电压表、频率计、功率计、调制度仪或以上几种。

（6）电源

电源为信号发生器的各部分电路提供所需的各种直流工作电压，通常是由 50 Hz 的交流电（市电）经过变压、整流、滤波和稳压后得到。

2. EE1640C/EE1641C 函数信号发生器

整机电路由一片单片机进行管理，主要工作包括：

（1）控制函数发生器产生的频率；

（2）控制输出信号的波形；

（3）测量输出的频率或测量外部输入的频率并显示；

（4）测量输出信号的幅度并显示；

（5）控制输出单次脉冲。

EE1640C/EE1641C 函数信号发生器的结构与框图，如图 2-9 所示。

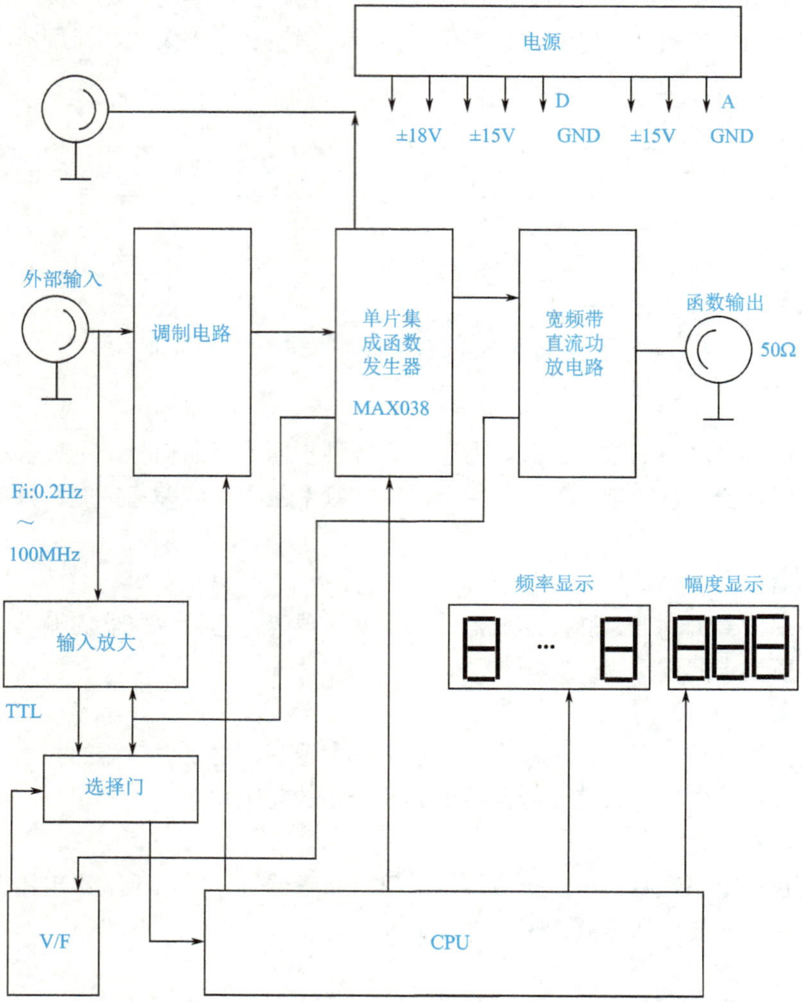

图 2-9　EE1640C/EE1641C 信号发生器的结构与框图

3. 信号发生器的测量信号流程图

请先检查市电电压，确认市电电压在 220V±10%范围内，方可将电源线插头插入本仪器后面板电源线插座内，供仪器随时开启工作。

（1）在使用本仪器进行测试工作之前，可对其进行自校检查，以确定仪器工作正常与否。

（2）自校检查程序见图 2-10。

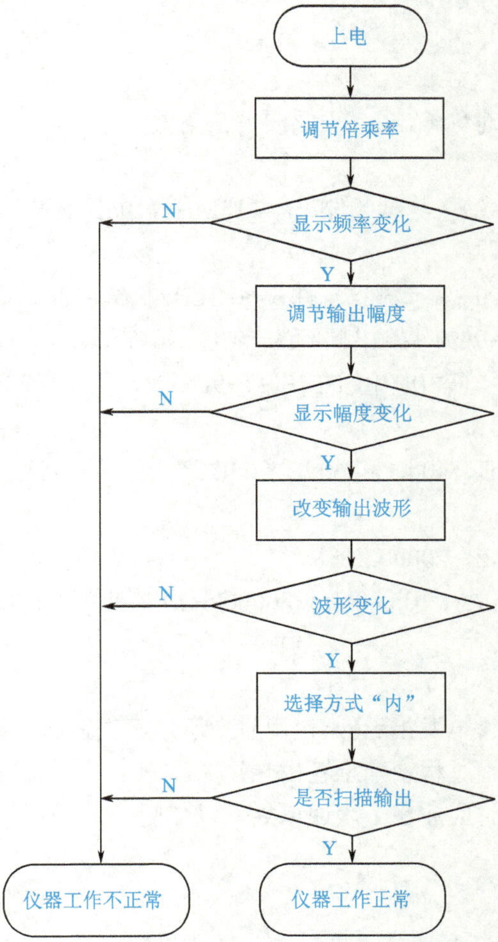

图 2-10　自校检查程序

4. 信号发生器的主要技术参数

一般情况下，信号发生器的主要技术参数如下。

（1）频率范围：指信号发生器所产生的信号频率范围。

（2）输出波形：能够产生某些特定的周期性时间函数波形（正弦波、方波、三角波、锯齿波和脉冲波等）信号，频率范围可从几微赫到几十兆赫。

（3）输出幅度：波形在一个周期内，信号波峰到波谷之间的最大绝对值。

（4）输出阻抗：信号发生器的输出阻抗视其类型不同而异。低频信号发生器电压输出端的输出阻抗一般为 600Ω（或 1kΩ），功率输出端依输出匹配变压器的设计而定，通常为 50Ω、75Ω、150Ω、600Ω 和 5kΩ 等挡。高频信号发生器一般仅有 50Ω 或 75Ω 挡。

（5）输出电平：指的是输出信号幅度的有效范围。

（6）调制特性：当调制信号由信号发生器内部产生时，称为内调制；当调制信号由外部加到信号发生器进行调制时，称为外调制。

EE1641C 信号发生器的主要技术参数如下。

（1）频率范围

0.2Hz～5MHz，按十进制分类共分八挡。

(2) 输出波形

函数输出（对称或非对称输出）：正弦波、三角波、方波。

(3) 输出幅度

$U \geqslant 20U_{P-P} \pm 10\%$（空载）（测试条件：$f_o \leqslant 15MHz$，0dB 衰减）。

(4) 波形特性

a．正弦波失真度：<0.8%（测试条件：f_o =1kHz、U_o=10U_{P-P}）。

b．三角波线性度：>90%（输出幅度的 10%～90%区域）。

c．脉冲波上升/下降沿（输出幅度的 10%～90%）时间：≤20ns（测试条件：f_o =2MHz、U_o=10U_{P-P}）。

(5) 衰减：0dB、20dB、40dB 和 60dB（0dB 衰减即为不衰减）。

(6) 显示

a．显示范围：0.200Hz～20000kHz。

b．显示有效位数：五位（10.000Hz～20000kHz），四位（0.200Hz～9.999Hz）。

5. 信号发生器的使用注意事项

（1）信号发生器设有“电源指示”，使用时指示灯不亮，应更换电池后再使用。

（2）信号发生器在使用过程中禁止输出端短路。

（3）信号发生器不用时应放在干燥通风处，以免受潮。

（二）拓展修一修

1. 常见故障的分析（可借助仿真软件）

故障 1：无信号输出，用示波器监测时波形无显示。

分析：（1）未接通电源。解决办法：接通电源。

（2）电路接触不良，即其连接出现断路。解决办法：检查各元件的位置是否插错，电路连接是否良好。

（3）如果情形依旧，可尝试改变元件在面包板上的位置。

（4）若故障仍未排除，可用万用表进行检测，找到断路的位置。

故障 2：三角波波形良好，正弦波波形失真。

分析：若正弦波每半个周期的波形不是轴对称图形（横向失真），则需调节 R_{p2}；若波形的幅度失真（纵向失真），则需调节 R_{p1}；若以上方法都无法排除故障，可小心检验元件是否插稳。

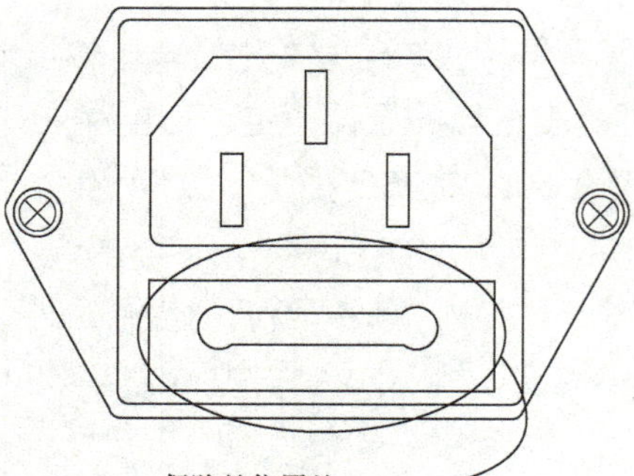

图 2-11　保险丝位置

2. 常见故障的维修（可借助仿真软件）

（1）开机无显示。

解决方法：首先打开电源插座里的保险丝查看是否完好，保险丝位置如图 2-11 所示。

如果完好，则打开仪器的外壳，将仪器内部的排线重新插紧。若故障仍不能排除，则应该检查电源电路整流管、开关管是否损坏。

（2）调节多圈电位器时，频率不起作用。

解决方法：由于多圈电位器属于易损件，在使用很长时间后易损坏。所以如果用户在使用本仪器时发现调节频率旋钮不可调时，基本可判断是多圈电位器损坏。以下介绍更换多圈电位器的方法，如图 2-12 所示。

① 首先按照前述方法将仪器打开；

② 将面板上的六个调节旋钮（如占空比、直流电平、幅度调节、扫描宽度、扫描速率、CMOS 电平调节等旋钮）取下来；

③ 将多圈电位器的外帽卸下，并将里面的螺丝旋下，此时便可将多圈电位器旋钮取下来；

④ 将显示板与仪器主板连接的排线拔除；

⑤ 将显示板四周的螺丝拧下，此时显示板与仪器的前框分离；

⑥ 将多圈电位器的螺帽拧下，然后将焊在多圈电位器上的三根导线焊下；

⑦ 更换上新的多圈电位器，型号为 WXD3-13（1kΩ±5%），更换时千万要注意焊接导线的位置不能错。

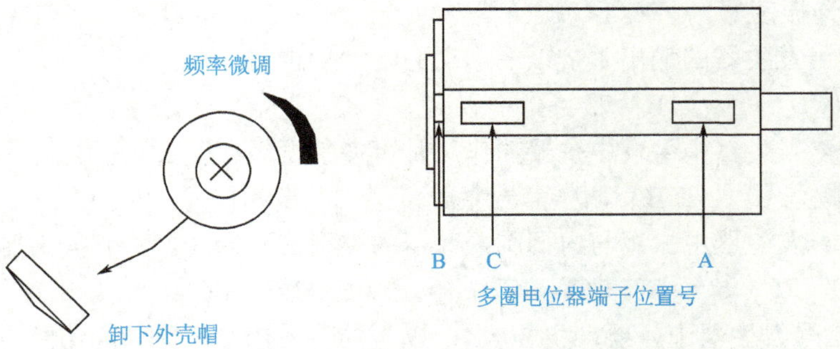

图 2-12 多圈电位器的拆换

（3）无同步输出。

解决方法：首先检查同步输出高频头射频电缆是否符合芯线与芯线通，地线与地线通，芯线与地线不通的原则。其次，检查 N16（74LS04）4 脚有无输出信号，如无则检查 N15（74HC132）8 脚有无输出信号。

（三）探究想一想

1．什么是信号发生器？有何作用？

2．低频信号发生器中的主振电路一般采用__________振荡器。（选填：RC/LC/晶振）

3．高频信号发生器中的振荡器通常采用_________振荡器，振荡频率 f_0=_________，其频率的细调是通过调节__________来实现的。

4．低频信号发生器是泛指工作频率范围为__________的正弦信号发生器。

5．函数信号发生器通常都可以输出正弦波、方波和__________三种信号。

（四）自评考一考

选择题

1. 下列不属于正弦波信号发生器的主要技术指标是（　　）。
A. 幅频特性　　B. 频率特性　　C. 输出特性　　D. 调制特性
2. 高频信号发生器的振荡电路通常采用的是（　　）。
A. RC 振荡器　　B. LC 振荡器
C. RC 振荡器和 LC 振荡器都可用　　D. RC 振荡器和 LC 振荡器都不能用
3. 以下关于高频信号发生器的表述正确的是（　　）。
A. 不能输出 1 MHz 以下的低频信号　　B. 频率微调是通过调节电感来实现的
C. 频段改变是通过改变电容来实现的　　D. 可输出调制信号
4. 高频信号发生器主振级与内调制振荡器的类型依次为（　　）振荡器。
A. LC、RC　　B. RC、LC　　C. LC、LC　　D. RC、RC
5. 在下列 4 种信号中，一般的函数信号发生器不能输出的信号是（　　）。
A. 正弦波　　B. 方波　　C. 三角波　　D. 尖脉冲
6. 正弦波信号发生器的核心是主振荡器，高频信号发生器的主振荡器采用（　　）。
A. 多谐振荡器　　B. LC 振荡器　　C. RC 振荡器　　D. 晶体振荡器
7. 高频信号发生器的输出阻抗以（　　）Ω 为优选值。
A. 150　　B. 75　　C. 60　　D. 50
8. 高频信号发生器中可变电抗器的作用是可使主振级产生（　　）。
A. 调幅信号　　B. 调频信号　　C. 调相信号　　D. 脉冲信号
9. 高频信号发生器主振级与内调制振荡器的类型依次为（　　）振荡器。
A. LC，RC　　B. RC，LC　　C. LC，LC　　D. RC，RC
10. 高频信号发生器中，要产生 30MHz 以下的信号，一般采用的调制方式为（　　）。
A. 调幅　　B. 调频　　C. 调相　　D. 脉冲调制

判断题

1. 低频信号发生器和高频信号发生器一样都能产生等幅正弦波、调幅波、调频波。（　　）
2. 高频信号发生器中调制级的作用是产生调幅信号。（　　）
3. 低频信号发生器产生的信号频率肯定比高频信号发生器产生的频率低。（　　）
4. 频率准确度表示频率输出值与显示值的相对误差。（　　）
5. 高频信号发生器的输出阻抗一般具有 50Ω、75Ω、150Ω 等多个挡位。（　　）
6. 信号发生器的有效频率范围指信号发生器能实际输出的信号频率范围。（　　）
7. 信号发生器的输出阻抗越低，负载能力越强，性能也越好。（　　）
8. 信号发生器电压表的读数即为输出电压的大小。（　　）
9. 低频信号发生器一般采用 LC 振荡器作为主振级。（　　）
10. 高频信号发生器的频率范围一般在 1MHz 以上，低频信号发生器则在 1MHz 以下。（　　）

三、单元测评

选择题

1. 以下关于高频信号发生器的表述正确的是（　　）。
   A. 不能输出 1 MHz 以下的低频信号　　B. 频率微调是通过调节电感来实现的
   C. 频段改变是通过改变电容来实现的　　D. 可输出调制信号
2. 高频信号发生器的振荡电路通常采用的是（　　）。
   A. RC 振荡器　　B. LC 振荡器
   C. RC 振荡器和 LC 振荡器都可用　　D. RC 振荡器和 LC 振荡器都不能用
3. 低频信号发生器的振荡电路通常采用的是（　　）。
   A. RC 振荡器　　B. LC 振荡器
   C. RC 振荡器和 LC 振荡器都可用　　D. RC 振荡器和 LC 振荡器都不能用
4. 以下关于高频信号发生器的表述正确的是（　　）。
   A. 频率微调是通过改变电阻来实现的　　B. 频率微调是通过改变电感来实现的
   C. 改变频段是通过改变电感来实现的　　D. 改变频段是通过改变电阻来实现的
5. 以下不属于低频信号发生器组成部分的是（　　）。
   A. 调制器　　B. 电压放大器　　C. 输出衰减器　　D. 主振荡器
6. 低频信号发生器中的衰减器的作用是（　　）。
   A. 改变输出信号的频率
   B. 保证输出端有最大输出功率
   C. 调节输出电压
   D. 减小负载变化对主振器的影响，提高频率稳定度
7. 低频信号发生器表头指示分别为 6V 和 15V，当衰减器旋钮指向 40dB 时，实际输出电压为（　　）。
   A. 0.19V，0.48V　B. 0.06V，0.15V　　C. 19mV，48mV　　D. 6mV，15mV
8. 信号发生器电压表指示的读数（　　）。
   A. 是输出端电压的实际值　　B. 仅作参考，无实际意义
   C. 一般小于输出电压的实际值　　D. 除以衰减倍率才是实际电压
9. 一台低频信号发生器，无衰减时的输出电压为 70V，现将其衰减 20dB（分贝），则输出电压为（　　）。
   A. 7V　　B. 3.5V　　C. 50V　　D. 35V
10. 在下列 4 种信号中，一般的函数信号发生器不能输出的信号是（　　）。
   A. 正弦波　　B. 方波　　C. 三角波　　D. 尖脉冲

判断题

1. 高频信号发生器产生的信号频率肯定比低频信号发生器产生的信号频率高。（　　）
2. 信号发生器的输出阻抗越低，其带负载能力越强，性能越好。（　　）
3. 高频信号发生器的主振级一般采用文氏电桥振荡器。（　　）
4. 低频信号发生器的主振级一般采用 LC 正弦波振荡器。（　　）

5．高频信号发生器的调制信号有内调制信号和外调制信号两种，两种信号能同时加入。（ ）

6．XD2 低频信号发生器的监测电压表的量限为 5V，输出衰减器衰减值 0dB～90dB，步级为 10dB。若需要一 300mV 的正弦信号时，应将输出衰减器调至 10dB 处，调节输出微调使监测电压表为 3V。（ ）

7．当把低频信号发生器的衰减开关放在 40dB 的位置上时，指示电压表的读数为 50V，则此时低频信号发生器的实际输出电压为 0.5V。（ ）

8．低频信号发生器设有电压输出和功率输出，其目的是防止负载变化而影响振荡器频率的稳定。（ ）

9．高频信号发生器中调制级的作用是产生调幅信号。（ ）

10．低频信号发生器中的交流电压表，在测量开关拨向“外测”时，即作为信号发生器输出电压大小指示。（ ）

任务三

电子电压表

电子电压表概述

电压测量是电子电路测量的一个重要内容。用电压表进行电压测量时，要根据被测信号的特点（如频率的高低、幅度的大小及波形等）和被测电路的状态（如内阻的数值等）正确选择电压表。电压测量仪器的种类很多，对于直流电压、工频（50Hz）电压和要求不高的低频（几百赫兹）电压测量时，可以使用万用表的电压挡，其他交流电压的测量都要使用电子电压表，电子电压表又称为毫伏表。根据测量结果的显示方式及测量原理不同，电压测量仪器可分为两大类：模拟式电压表（AVM）和数字式电压表（DVM）。

模拟式电压表是指针式的，多用磁电式电流表作为指示器，并在表盘上刻以电压刻度。如图 3-1（a）和图 3-1（b）所示为扬中科泰 CA2171A/CA2172A 指针式交流毫伏表，CA217XA 系列毫伏表是采用编码开关，各挡位有发光二极管指示，具有同步/异步、浮置/接地、开关锁存功能的单、双通道交流电压表，它是立体声测量的必备仪器。CA2172A 型采用两个通道输入，由一只同轴双指针电表指示，可以分别指示各通道的指示值，也可指示出两通道之差，“同步-异步”操作对立体声音响设备的电性能测试及对比最为方便，广泛用于立体声音响测试，而且它具有独立的编码开关，可作为两台灵敏度高、稳定性可靠的晶体管毫伏表（CA2171A 为单通道，CA2172A 为双通道）。

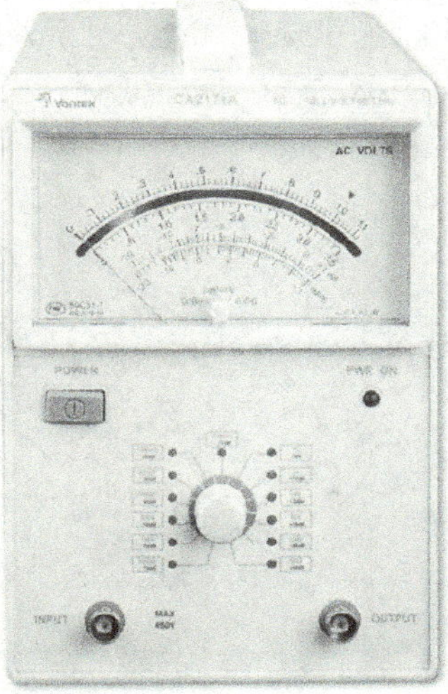

（a）

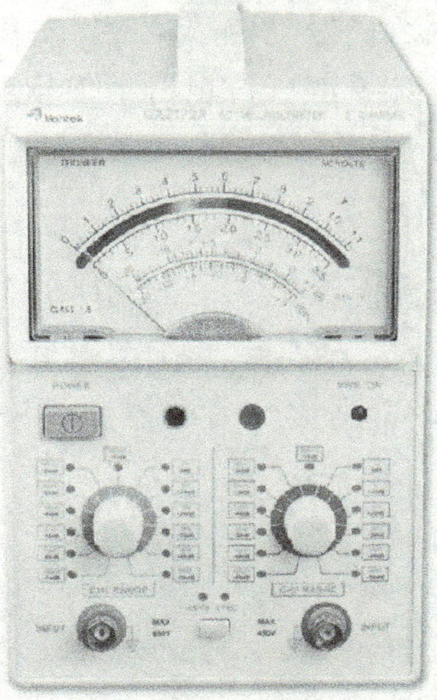

（b）

图 3-1　指针式交流毫伏表

数字式电压表首先将模拟量经模数（A/D）转换器变成数字量，然后用电子计数器计数，并以十进制数字显示被测电压值。如图 3-2（a）和图 3-2（b）所示为扬中科泰 CA2171D/CA2172D 数字式交流毫伏表，CA217XD 系列数字毫伏表是单、双通道输入交流电压表，它是立体声测量的必备仪器。数字毫伏表采用单片机控制技术，集模拟与数字技术于一体，是一种通用型智能化的全自动数字交流毫伏表。适用于测量频率 10Hz～2MHz，电压 100μV～300V 的正弦波有效值电压。具有测量精度高、测量速度快、输入阻抗高、频率影响误差小等优点。具备自动/手动测量功能，同时显示电压值和 dB/dBm 值，以及量程和通道状态，显示清晰直观，使用方便。

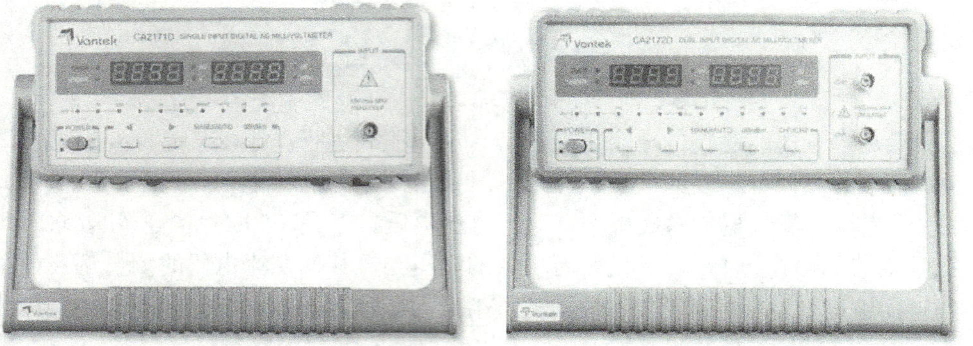

（a）　　　　（b）

图 3-2　数字式交流毫伏表

根据被测量电压频率范围，电子电压表又可以分为低频毫伏表、高频毫伏表、超高频毫伏表。如图 3-3（a）和图 3-3（b）所示为常州同惠 TH2268/TH2280A 超高频毫伏表，TH2268 型超高频毫伏表主要用于 1kHz～1200MHz 频带范围内正弦信号幅度的测量，仪器采用检波放大式工作原理，具有良好的超高频特性。TH2280A 型超高频毫伏表主要用于 9kHz～2GHz 频带范围内正弦信号幅度的测量，仪器采用检波放大式工作原理，其配置的 50Ω 特性阻抗 N 型双向通过式同轴检波器可以插入同轴传输系统中使用。仪器具有 1mV～10V 的电压测量范围，测量带宽内具有良好的频率响应、驻波系数小、测量稳定性高、可自动调零。既可用于生产现场、实验室计量测试，也可用于超高频电压的标准传递，使低频到微波电压和功率的测量统一于一体。

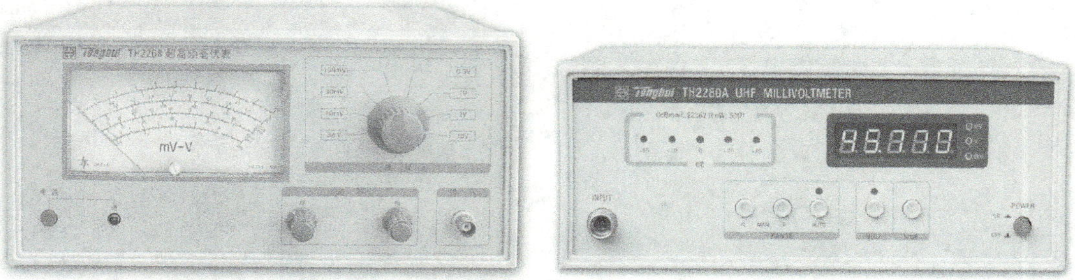

（a）　　　　（b）

图 3-3　超高频毫伏表

一、电子电压表的使用

（一）跟我练一练

1. 电子电压表面板功能按钮的使用

1）面板功能按钮的作用

电子电压表的型号、种类很多，但使用方法大同小异，下面以 CA2172D 数字式交流毫伏表为例学习电子电压表的使用。如图 3-4 所示为 CA2172D 前面板示意图，主要功能按钮作用如下：

① 电源开关；
② 量程切换按键，用于手动测量时量程的切换；
③ 自动/手动测量选择按键；
④ dB/dBm 用于选择显示 dB/dBm 按键；
⑤ CH1/CH2 用于选择 CH1/CH2 测量通道按键；
⑥ CH1，被测信号输入通道 1；
⑦ CH2，被测信号输入通道 2；
⑧ 用于显示当前的测量通道实测输入信号电压值，dB 或 dBm 值；
⑨ 欠量程指示灯，当手动或自动测量方式时，读数低于 350 时该指示灯闪烁；
⑩ 过量程指示灯，当手动或自动测量方式时，读数超过 3999 时该指示灯闪烁。

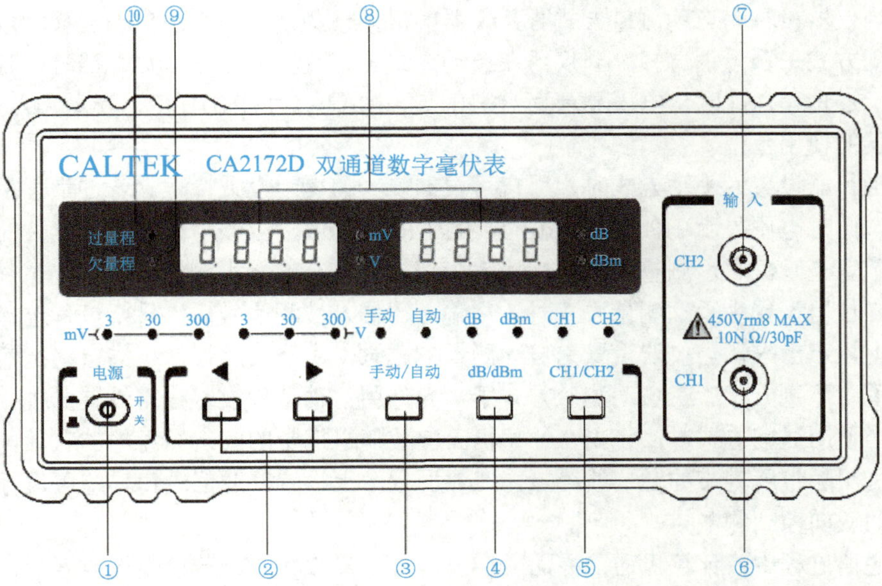

图 3-4　CA2172D 前面板

如图 3-5 所示为 CA2172D 后面板示意图，主要功能按钮作用如下：

① 交流电源输入插座，用于 220V 电源的输入；
② FLOAT/GND，用于测量时输入信号地是浮置还是接机箱外壳地；
③ USB，用于 USB 通信时的接口端；
④ 监视放大器输出。

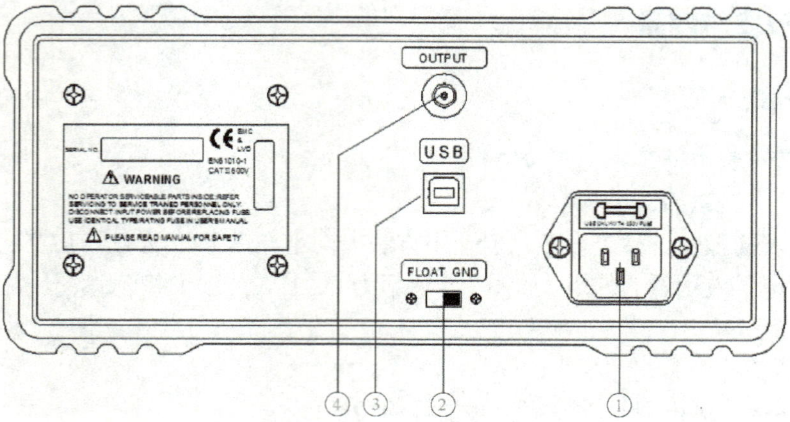

图 3-5 CA2172D 后面板

2）CA2172D 使用说明

（1）打开电源开关，将仪器预热 15～30 分钟。

（2）电源开启后，仪器进入产品提示和自检状态，自检通过后即进入测量状态。

（3）在仪器进入测量状态后，仪器处于 CH1 输入，手动量程 300V 挡。当采用手动测量方式时，在加入信号前请先选择合适量程。

（4）在使用过程中，两个通道均能保持各自的测量方式和测量量程，因此选择测量通道时不会更改原通道的设置。

（5）当仪器设置为自动测量方式时，仪器能根据被测信号的大小自动选择测量量程，同时允许手动方式干预量程选择。当仪器在自动方式下，且量程处于 300V 挡时，若过量程指示灯亮表示过量程，此时，电压显示为 HHHHV，dB 显示为 HHHHdB，表示输入信号过大，超过了仪器的使用范围。

（6）当仪器设置为手动方式时，用户可根据仪器的提示设置量程。若过量程指示灯亮表示过量程，此时电压显示 HHHHV，dB 显示为 HHHHdB，应该手动切换到较大的量程。当欠量程指示灯亮时，表示测量欠量程，用户应切换到较小的量程测量。

（7）当仪器设置为手动测量方式时，从输入端加入被测信号后，只要量程选择恰当，读数便能马上显示出来，当仪器设置为自动测量方式时，由于要进行量程的自动判断，读数显示略慢于手动测量方式。在自动测量方式下，允许用手动量程设置按键设置量程。

（8）当使用通信方式时，应先在计算机上安装随机携带的安装光盘中的软件，然后将仪器和计算机用随机所携带的通信线连接，在界面程序上设置好通信端口，即可进行仪器和计算机之间的双向控制和测量。

（9）通信过程中，计算机通信界面上会随时显示接收状态，若接收计数停止，表示通信因故中断。

2. 电压信号的测量

1）测量方法：用信号发生器产生 5kHz、20mV 的正弦信号，将该信号送至毫伏表，用毫伏表测量该信号的电压有效值。

2）测量过程

（1）打开函数信号发生器和毫伏表的电源，预热机器。

（2）调节信号发生器，产生 5kHz、20mV 的正弦信号。

(3)用同轴电缆将信号发生器的函数输出端与毫伏表的 CH1 输入端连接，如图 3-6 所示。

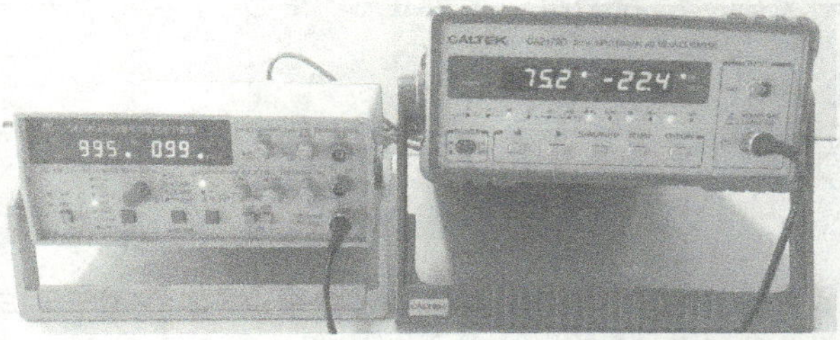

图 3-6 用毫伏表测量信号源的输出电压

(4) 按下手动/自动按键，开始自动测量，将测量结果记录在表 3-1 中。
(5) 按量程切换按键，调整量程，在表 3-1 中记录不同量程下的测量结果。

表 3-1 不同量程下的电压测量数据

方式	量程	电压	电平	欠量程指示灯状态	过量程指示灯状态
自动					
手动	3mV				
	30mV				
	300mV				
	3V				
	30V				
	300V				

(二) 仿真练一练

1. 调零

(1) 机械调零：对于指针式电子电压表，未接通电源前，观察表头指针是否在零位置，若不在，用螺丝刀调节表头中央旋钮①，使得指针指在零位置。

(2) 电气调零：对于部分指针式电子电压表（主要是高频毫伏表）需要电气调零，打开电源开关，将测试线（也称开路电缆）的红黑夹子夹在一起，将量程旋钮旋到最低量程，指针应指在零位。若指针不指在零位，调节调零旋钮②，使得指针指在零位置。若调不到零，应检查测试线是否断路或接触不良，应更换测试线。说明：有的毫伏表可通过面板上的调零电位器进行调零，凡面板无调零电位器的，内部设置的调零电位器已调好，若指针不在零位且测试线正常，应拆机检修。

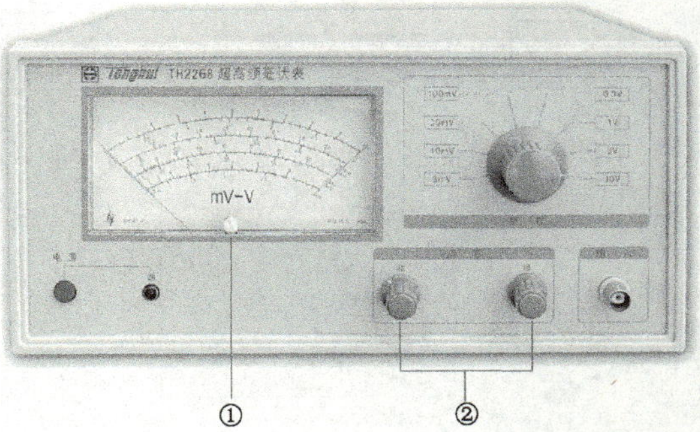

图 3-7 指针式电子电压表的调零

2. 仿真测量交流电压

在仿真软件中，用交流毫伏表测量市电电压和信号发生器的输出电压。

（三）实践量一量

1. 制作三极管放大电路

如图 3-8 所示为电阻分压式工作点稳定单管放大器实验电路图。偏置电阻 R_{B1}、R_{B2} 组成分压电路，并在发射极中接有电阻 R_E，以稳定放大器的静态工作点。当在放大器的输入端加入输入信号后，在放大器的输出端便可得到一个与输入信号相位相反、幅值被放大了的输出信号，从而实现了电压放大。

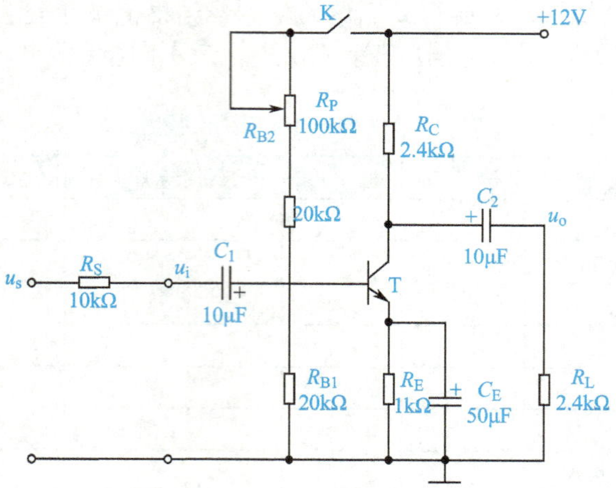

图 3-8　分压式偏置共射放大电路

参照上述电路在电路板或实验台上搭建电路，并通电调试其静态工作点，用万用表的直流 10V 挡测量 V_E =2V 左右，如果偏差太大可调节静态工作点（电位器 R_P）。将静态工作点记入表 3-2 中。

表 3-2　放大电路的静态工作点

V_{BQ}（V）	V_{CQ}（V）	V_{EQ}（V）

2. 用电子电压表测量放大电路的电压放大倍数

关掉电源，各电子仪器可按图 3-9 连接，为防止干扰，各仪器的公共端必须连在一起后接在公共接地端上。

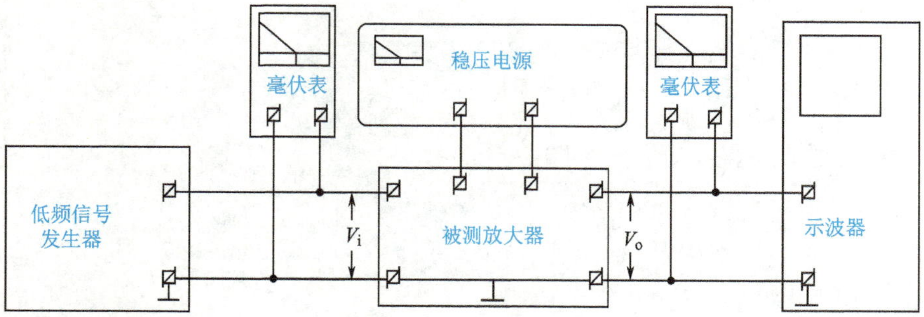

图 3-9　放大电路的测试接线图

（1）检查线路无误后，接通电源。从信号发生器输出一个频率为 1kHz、幅值为 10mV（用毫伏表测量 u_i）的正弦信号加到放大器输入端。

（2）用示波器观察放大器输出电压的波形，在波形不失真的条件下用交流毫伏表测量输出电压值，记入表 3-3 中。若出现波形失真，可适当减小输入电压或重新调节静态工作点。

表 3-3　电压放大倍数测试数据

输入电压 u_i(mV)	输入电平(dB)	输出电压 u_o(mV)	输出电平(dB)	电压放大倍数	电压增益(dB)

（3）根据测量结果计算电路的电压放大倍数和电压增益，填入表 3-3 中。

二、电子电压表的结构与原理

（一）自主学一学

1. 模拟式电子电压表的结构与框图

模拟式电压表一般都采用磁电式直流电流表头作为被测电压的指示器。测量直流电压时，可直接或经放大或经衰减后变成一定量的直流电流，驱动直流表头的指针偏转指示。测量交流电压时，必须经过交流-直流变换器即检波器，将被测交流电压先转换成与之成比例的直流电压后，再进行直流电压的测量。模拟式电压表按电路组成形式不同分为如下几种类型。

（1）检波-放大式：电路结构如图 3-10 所示。

它将被测电压 u_x 先变成直流电压，再经直流放大器放大，然后驱动直流微安表指针偏转。电压表的频带宽度主要取决于检波电路的频率响应。通常所称高频毫伏表或超高频毫伏表都属于这一类。由于二极管导通时有一定的起始电压，电表刻度的非线性，如采用普通直流放大器会有零点漂移，故其灵敏度不高，不适宜测小信号。

图 3-10　检波-放大式电压表方框图

这种电压表中的检波器采用的是峰值检波器，峰值检波器输出的直流电压与输入交流电压的峰值成正比，所以又把这种电压表称为峰值电压表。一般峰值检波器电路如图 3-11（a）所示，若将两个峰值检波器组合在一起，可构成双峰值检波器，其输出的直流电压与输入交流电压的峰-峰值成正比，输出电压高一倍，电路如图 3-11（b）所示。

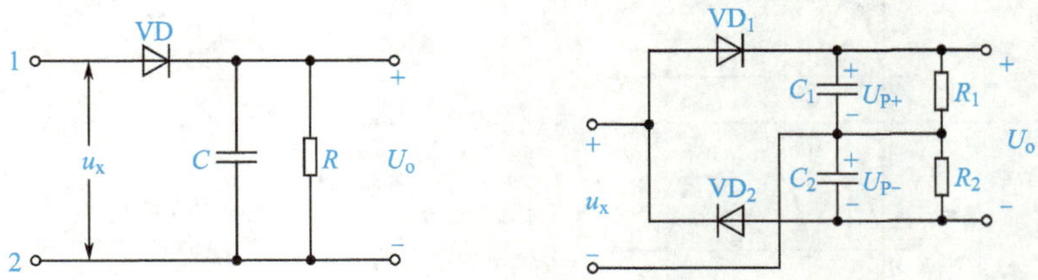

图 3-11　峰值检波器电路

检波-放大式电压表的表头刻度通常也是以正弦波有效值来定度的。当测量正弦波电压时，电压表的读数 U_a 等于正弦波电压的有效值 U，即 $U=U_a$；当测量非正弦波电压时，电压表的读数没有直接意义，需要根据峰值检波器的特点，按照“峰值相等则读数相等”的原则求出峰值，再利用被测波形的峰值 U_P 与有效值 U 之间的关系（波峰因数 K_P）进行波形换算，得到非正弦波电压的有效值，几种交流电压的波形参数换算见表 3-4。

（2）放大-检波式：这种类型的电压表组成框图见图 3-12。

被测电压先经宽带放大器放大，然后再检波，变成直流电信号，驱动微安表指针偏转。这种电压表灵敏度由于先行放大而提高，但受放大器内部噪声的限制；其频率范围主要受放大器带宽的限制，典型的频率范围为 20Hz～10MHz，称低频毫伏表。

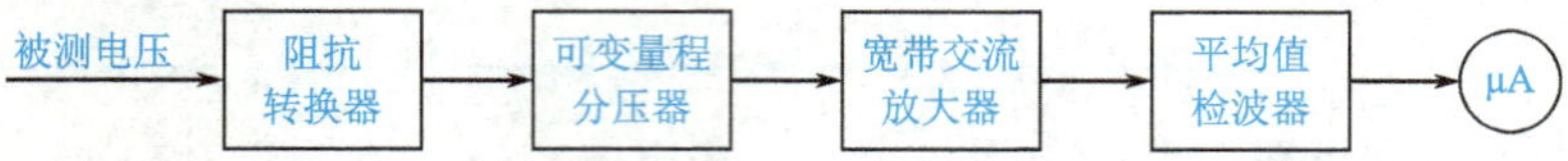

图 3-12　放大-检波式电压表组成框图

这种电压表中的检波器，采用的是平均值检波器，平均值检波器输出的直流电压与输入交流电压的平均值成正比，所以又把这种电压表称为均值电压表。它一般采用二极管全波桥式整流或半波整流电路作为检波器，如图 3-13 所示。由于检波器是对大信号进行检波，从而避免了对小信号检波所产生非线性失真的影响。由于平均值检波器本身的输入阻抗较低，所以其前级通常加接阻抗变换器。

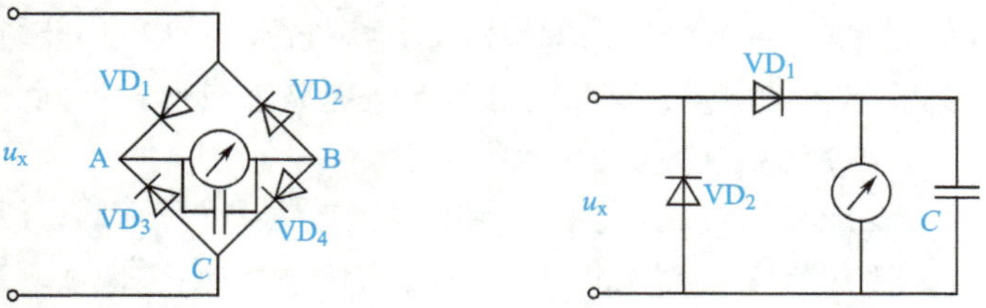

图 3-13　平均值检波器电路

放大-检波式电压表的表头刻度通常以正弦波有效值来定度。当测量正弦波电压时，电压表的读数 U_a 等于正弦波电压的有效值 U，即 $U=U_a$；当测量非正弦波电压时，电压表的读数没有直接意义，需要根据平均值检波器的特点，按照“平均值相等则读数相等”的原则求出平均值，再利用所测波形的有效值 U 与平均值 $\overline{U}$ 之间的关系（波形因数 K_F）进行波形换算，得到非正弦波电压的有效值，几种交流电压的波形参数换算见表 3-4。

表 3-4　几种交流电压的波形参数换算表

名　称	波　形	峰值 U_P	有效值 U	平均值 $\overline{U}$
正弦波半波整流后的波形	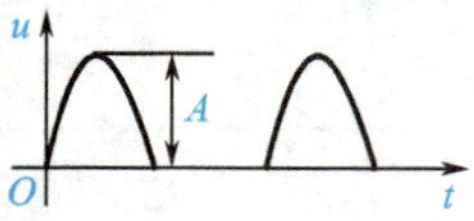	A	$\frac{A}{2}$	$\frac{A}{\pi}\approx 0.318A$
正弦波全波整流后的波形	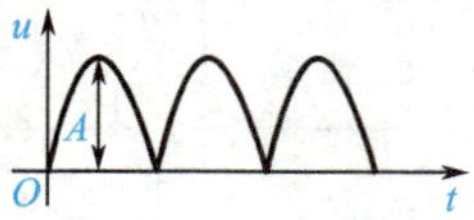	A	$\frac{A}{\sqrt{2}}\approx 0.707A$	$\frac{2A}{\pi}\approx 0.637A$

续表

名　称	波　形	峰值 U_P	有效值 U	平均值 $\overline{U}$
三角波	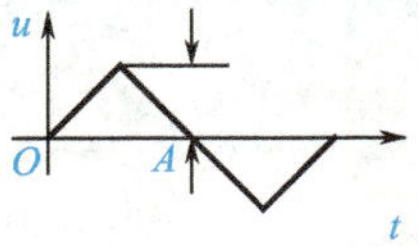	A	$\frac{A}{\sqrt{3}}\approx 0.577A$	$\frac{A}{2}\approx 0.5A$
方波	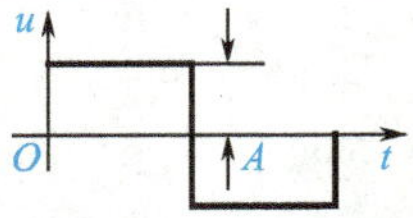	A	A	A

（3）热电偶变换式电子电压表是利用热电偶的热电转换原理实现交流电压有效值到直流电流之间的变换的。热电偶变换式电子电压表的示意图如图 3-14 所示。图中 AB 为金属电阻丝，称为加热丝；DCE 为热电偶，它由两种不同材料的导体连接而成，导体 CD 与 CE 称为热电极，其交界面 C 与加热丝结合，称为“热端”或“工作端”，而 D、E 则称为“冷端”或“参考端”。当加入被测电压 u_x 时，AB 电阻丝因流过电流而温度升高，C 点温度也随之上升，热电偶两端由于存在温差而在 D、E 间产生热电动势。

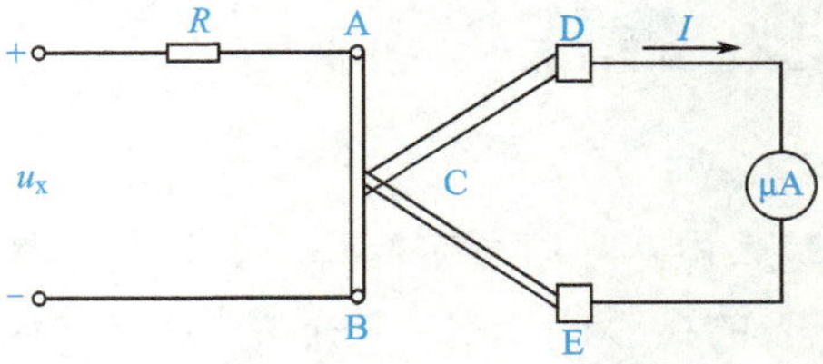

图 3-14　热电偶变换式电子电压表示意图

在实际应用的热电偶变换式电压表中，为了克服直流电流与被测交流电压有效值的非线性关系，常利用两个结构和性能完全相同的热电偶构成热电偶桥，称为双热偶变换器，其电路原理如图 3-15 所示，图中两个热电偶 VT_1、VT_2 特性一样（K 值一样）。VT_1 称为测量热电偶，VT_2 称为平衡热电偶，仪表的标度为线性刻度。

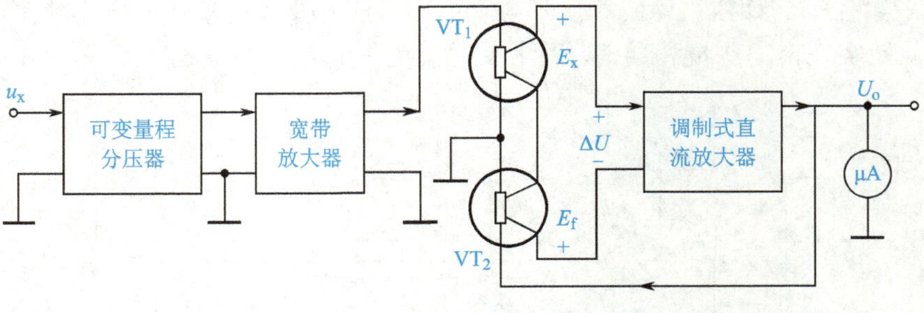

图 3-15　双热电偶变换式电压表原理框图

由于这种电压表是按有效值定义进行测量的，所以又称为有效值电压表，它按正弦波电压有效值刻度。当测量非正弦波电压时，理论上不会产生波形误差，但实际上由于放大器的带宽和非线性的影响，也会存在一些误差。这种电压表频率范围较宽，可达到几十兆赫兹（MHz），由于输入端阻抗变换器和衰减器的作用，可使输入阻抗达到 1MΩ 以上，如 DA-24 型交流电压表。由于利用有效值电压表可直接从表头上读出被测非正弦电压的有效值，而无需换算，因此又常把这种电压表称为真有效值电压表。

小贴士 不管哪类模拟式电压表，都要将被测信号电压转换成直流电流通过表头才能测量出电压结果。所以，测量机构(表头)、测量线路以及转换开关是模拟式电压表不可缺少的组成部分。

2. 数字式电压表的结构与框图

数字式电压表（DVM）实际上就是一种用 A/D 变换器作为测量机构，用数字显示器显示测量结果的电压表。测量交流电压及其他电参量的数字式电压表必须在 A/D 变换器之前对被测电参量进行转换处理，将被测电参量变换成直流电压，数字电压表的原理框图如图 3-16 所示。

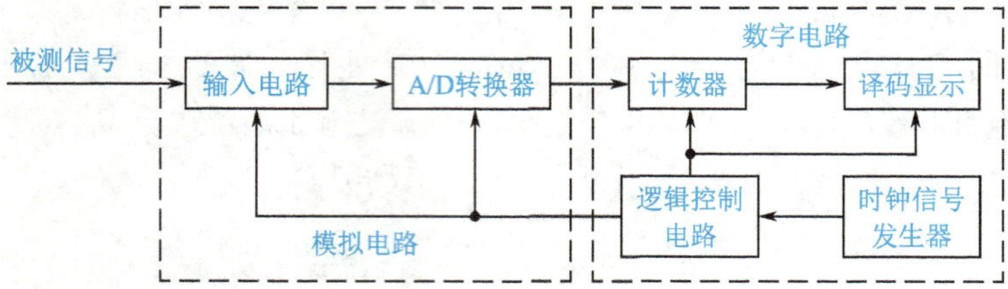

图 3-16　数字电压表原理框图

模拟电路部分主要包括输入电路（阻抗变换器、电压放大器、衰减器等）和 A/D 转换器。A/D 转换器是数字电压表的核心，其主要功能是将被测模拟电压变换为数字量，然后送入数字电路进行计数并显示，它的变换精度、分辨力、抗干扰能力直接影响数字式电压表的测量精度、灵敏度和抗干扰能力。

数字电压表一般按功能分为直流数字电压表和交流数字电压表。直流数字电压表按 A/D（模拟/数字）转换器方式分为比较型、积分型和复合型。交流数字电压表按 AC/DC（交流/直流）变换原理分为峰值型、平均值型和有效值型交流数字电压表。

数字电路部分主要包括计数器、译码器、显示器、逻辑控制电路和时钟信号发生器，它主要完成逻辑控制、计数、译码和显示等功能。目前主要采用单片机作为数字逻辑单元的主要部件，从而实现自动测量和通信，采用单片机控制的数字式电压表组成如图 3-17 所示。

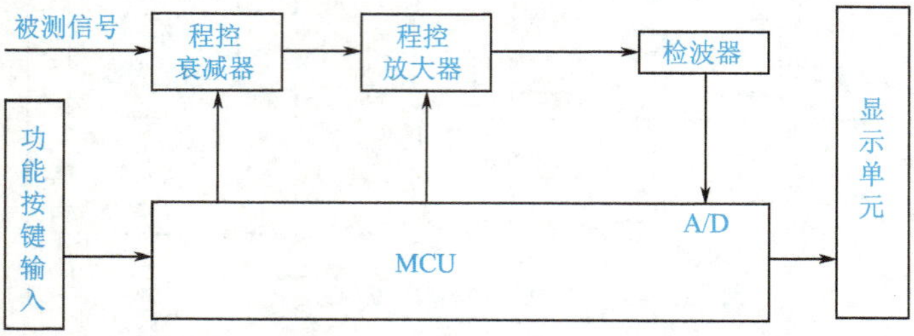

图 3-17　采用单片机控制的数字式电压表原理框图

3. 电子电压表的主要技术参数

电子电压表的主要技术参数有测量交流电压范围、电平测量范围、被测电压频率范围、输入阻抗、测量基本误差等，下面以数字电压表为例介绍各项技术参数的意义。

（1）电压量程

电压量程是指测量电压范围的上限值与下限值之差，包括基本量程和扩展量程。未经衰减器和放大器的量程称为基本量程，通常为 200mV、1V 或 2V，也有的为 5V。基本量程的误差最小，扩展量程是借助于输入衰减器和放大器的适当配合来完成量程扩展的。

（2）显示位数

显示位数是指能显示 0～9 共十个完整数码的显示器位数。能显示 0～9 十个完整数码的显示位数称为完整位，否则称为不完整位，不完整位通常是最高位。例如，某数字电压表最大显示数值为 9999，所以它是一个四位的 DVM；又如，另一数字电压表最大显示数值为 19999，它的首位只能显示“1”或“0”，是不完整位，称之为 1/2 位或半位，所以它是一个四位半的 DVM。

（3）分辨率

分辨率是指数字式电压表能够反映出的被测电压的最小变化值，即显示器末位变化一个数字所对应的最小输入电压值，也就等于所选量程上末尾的“1”表示的电压值。在不同的量程上分辨率是不同的，最小量程的分辨率最高。例如，四位半 DVM，在量程 20V 上，满度值为 19.999V，末尾的“1”表示 1mV，则其分辨率为 1mV。在最小量程 200mV 上，满度值为 199.99mV，则其分辨率为 0.01mV。

（4）测量速度

测量速度是指每秒钟对被测电压的测量次数，或完成一次测量所需的时间。数字式电压表的测量速度主要取决于 A/D 转换器的转换速度，由比较式 A/D 转换器构成的 DVM 测量速度较快，一次测量所需时间仅几微秒，测量速度可达百万次每秒，由双积分式 A/D 转换器构成的 DVM 测量速度较慢，一次测量所需时间为几百毫秒，测量速度仅为几次每秒。

（5）测量误差

数字式电压表的测量误差通常用它的固有测量误差来衡量，固有测量误差主要是读数误差和满度误差，常用测量的绝对误差表示，即

$$\Delta U = \pm(\alpha\% \cdot U_x + \beta\% \cdot U_m)$$

式中，α 为误差的相对项系数；U_x 为被测电压读数；$\alpha\% \cdot U_x$ 为读数误差；β 为误差的固定项系数；U_m 为量程的满度值；$\beta\% \cdot U_m$ 为满度误差。

（6）输入阻抗

测量直流电压时，输入阻抗用输入电阻 R_i 表示，量程不一样 R_i 也有差别，一般在 1MΩ～100MΩ 之间。测量交流电压时，输入阻抗用输入电阻 R_i 并联输入电容 C_i 表示，C_i 一般在几十皮法左右。

（7）抗干扰能力

数字式电压表的抗干扰能力通常用串模干扰抑制比(SMR)和共模干扰抑制比(CMR)来表征。抗干扰能力是保证仪表具有高精度测量性能的一个重要因素。干扰抑制比的数值越大，表明数字电压表抑制干扰的能力越强。数字电压表的串模干扰抑制比(SMR)一般为 50～90 dB，共模干扰抑制比（CMR）一般为 80～150 dB。

4. 电子电压表的使用注意事项

（1）使用前进行外观检查，看是否有损坏或缺少零配件，如有上述情况，应先排除。

（2）交流输入电压分 220V 和 110V 两种，千万不可插错，仪器在通电之前，一定要将输入电缆的红黑鳄鱼夹相互短接。防止仪器在通电时因外界干扰信号通过输入电缆进入。

（3）模拟式电子电压表测量前应短路调零。打开电源开关，将测试线（也称开路电缆）的红黑夹子夹在一起，将量程旋钮旋到 1mV 量程，指针应指在零位（有的毫伏表可通过面板上的调零电位器进行调零，凡面板无调零电位器的，内部设置的调零电位器已调好）。若指针不指在零位，应检查测试线是否断路或接触不良，应更换测试线。

（4）电子电压表的使用环境，特别是温度和湿度两项条件要严格遵守，不然误差将很大。

（5）对有内附标准电池的电压表，严禁大角度倾斜、倒置，必要时可拆下标准电池，以防损坏。

（6）电子电压表输入信号的种类（直流电压、交流电压等）一定要和表的测量量程相对应，使用时最好不要长时间超量程输入，严禁超过仪表所规定的最大输入电压。

（7）使用时要注意被测信号源及输入引线的屏蔽及接地，以减少串、共模干扰的影响。

（8）注意仪表在实际使用状态下的误差，即在一个量程内，被测电压值不同，误差也不同，可根据误差公式进行计算。

（9）交流毫伏表只能用来测量正弦交流信号的有效值，若测量非正弦交流信号要经过换算，具体方法请参照仪表的使用说明书。

（10）由于仪表存在零电流以及输入阻抗，使用时要注意被测信号源的内阻引起的误差。

（二）拓展修一修

电子电压表型号比较多，内部结构也大不相同，常见故障有：无显示（开机瞬间指针无偏转）、整机不工作、数码叠字、读数漂移、误差。维修中，仍然是先检修电源，如果电源正常，无显示故障会解决。

1．短路故障的仿真维修

当电子电压表出现指示灯不亮、数码管无显示（开机瞬间指针无偏转）等三无现象时，应重点检查由于内部短路引起的保险丝烧断。

短路故障的仿真分析

（1）故障分析导图

由于内部短路引起的保险丝烧断，通常是电子电压表内部电源电路故障引起的。若电路中滤波电容、开关三极管击穿，造成内部短路，往往会烧断保险丝，甚至烧坏整流二极管。故障分析导图如图 3-18 所示。

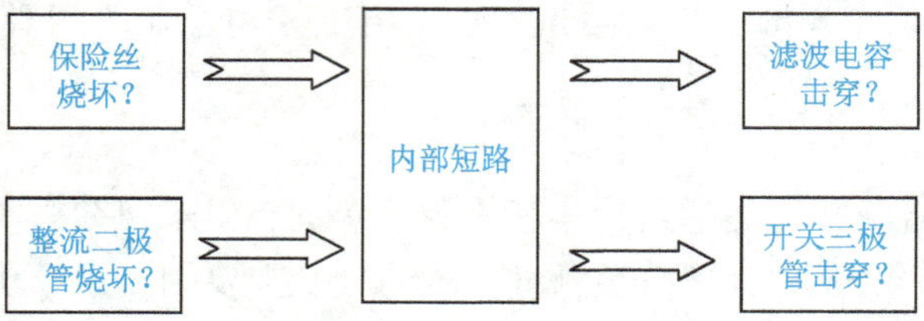

图 3-18　短路故障分析导图

（2）动画显示故障回路

打开仿真软件，进入故障维修模块，选择故障一“指示灯不亮、数码管无显示（开机瞬间指针无偏转）”，单击“显示故障回路”，观察、分析故障可能发生的范围。

(3) 动画显示可能的故障元件

单击“可能的故障元件”，观察、分析故障可能的故障元件。

短路故障仿真检修

(1) 仿真检测

单击“仿真检修”，用万用表电阻挡测量滤波电容、开关三极管的集电极与发射极、整流二极管、保险丝的电阻，填入表 3-5 并与正常值进行比较。

表 3-5　故障一检测记录

元　件	保 险 丝	整流二极管				滤 波 电 容	开 关 管
标号							
正常电阻							
测量值							

(2) 判别故障

根据上述测量值，判断故障元件。

(3) 排除故障

移去故障元件，从元件库选择同型号元件安装到电路板相应位置。

(4) 检验是否成功

打开电源开关，检验电压表是否正常工作。

2. 断路故障的仿真维修

元器件脱焊、电源导线折断、探头电缆内部损坏等原因，往往会造成断路故障，一般情况下，断路故障不会造成周围元器件损坏等连锁反应。

断路故障的仿真分析

(1) 故障分析导图

仪器出现断路故障，会导致信号或电源无法传递，故障现象较为明显，如部分数码管或数码管的某些字段不能点亮、有信号输入时无任何反应等故障现象，检修时可根据故障现象判断故障范围。下面以某数字毫伏表数码管不亮为例进行仿真分析与检修，分析导图见图 3-19。

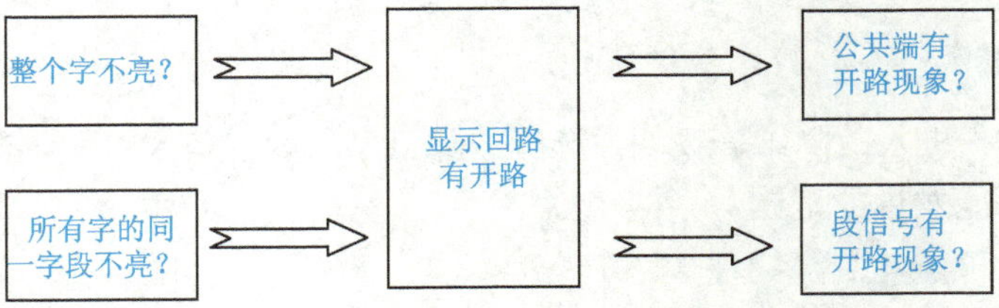

图 3-19　开路故障分析导图

(2) 动画显示故障回路

打开仿真软件，进入故障维修模块，选择故障二“数码管显示异常”，单击“显示故障回路”，观察、分析故障可能发生的范围。

(3) 动画显示可能的故障元件

单击“可能的故障元件”，观察、分析故障可能的故障元件。

断路故障仿真检修

(1)仿真检测

单击“仿真检修”,用万用表电阻挡测量相应数码管段信号或公共端与中央处理器之间的电路是否开路,填入表3-6并与正常值进行比较。

表3-6 故障二检测记录

故障现象	故障范围	检测记录

(2)判别故障

根据上述测量值,判断故障元件或故障部位。

(3)排除故障

用电烙铁对开路点进行连接恢复。

(4)检验是否成功

打开电源开关,检验电压表是否正常工作。

元器件损坏故障的仿真分析

(1)故障分析导图

仪器出现元器件损坏故障,故障现象较为多样,如测量误差大、数码管叠字、某些量程不能测量甚至仪器不能工作等故障现象,检修时可根据故障现象判断故障范围。下面以测量误差大为例进行仿真分析与检修,分析导图见图3-20。

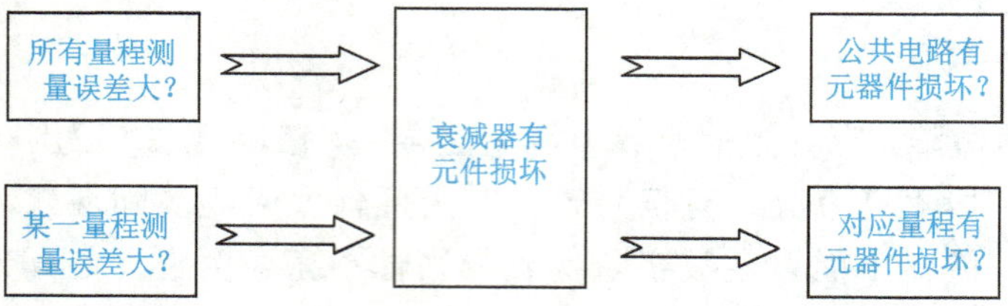

图3-20 元器件损坏故障分析导图

(2)动画显示故障回路

打开仿真软件,进入故障维修模块,选择故障三“测量误差大”,单击“显示故障回路”,观察、分析故障可能发生的范围。

(3)动画显示可能的故障元件

单击“可能的故障元件”,观察、分析故障可能的故障元件。

元器件损坏故障仿真检修

(1)仿真检测

单击“仿真检修”,用万用表电阻挡测量相应分压电阻的阻值是否正常,填入表3-7中并与正常值进行比较。

表 3-7　故障三检测记录

故障现象	故障范围	检测记录

（2）判别故障

根据上述测量值，判断故障元件或故障部位。

（3）排除故障

移去故障元件，从元件库选择同型号元件安装到电路板相应位置。

（4）检验是否成功

打开电源开关，检验电压表是否正常工作。

（三）探究想一想

1．用全波式均值表分别测量方波及三角波电压，示值均为 1V，问被测电压的有效值分别为多少伏？

2．用峰值电压表分别测量方波和三角波电压，示值均为 10V，求被测电压的有效值是多少伏？

3．用有效值电压表分别测量方波和三角波电压，示值均为 10V，求被测电压的有效值是多少伏？

4．分析表 3-1，说明量程对测量结果和测量误差的影响。

5．三种数字电压表的最大显示数字分别为①1999、②5999、③9999。

（1）它们分别属于几位电压表？

（2）第一块表按 1、10 等分挡有无超量程能力？超量程能力为多少？

（3）第二块表在 50V 挡的分辨率是多少？

6．数字电压表的固有误差 $R_{P2}=R_{P1}$（0.001%×读数＋0.002%×满度），求用 2V 量程测量 1.8V 和 0.18V 时产生的绝对误差和相对误差。

（四）自评考一考

选择题

1．用模拟交流电压表来测量非正弦波电压时，为了减少测量误差最好选用（　　）。

A．均值型　　B．峰值型　　C．有效值型　　D．三种都可以

2．用平均值电压表测量峰值为 10V 的三角波，其读数为（　　）。

A．5.02V　　B．5.55V　　C．8.70V　　D．10V

3．欲显示 12.05V 的被测电压，若测量时使用有超量程能力的 3 R_x 位数字电压表，能够显示该电压的最小量程是（　　）。

A．1V　　B．10V　　C．100V　　D．1000V

4．低频毫伏表、高频微伏表、超高频毫伏表等模拟式电子电压表采用的组成方案分别是（　　）。

A. 放大-检波式、检波-放大式、外差式　B. 检波-放大式、放大-检波式、外差式
C. 检波-放大式、外差式、放大-检波式　D. 放大-检波式、外差式、检波-放大式

5. 用一只并联式峰值电压表测量电压 $U_x=(20+10\sin\omega t)$ V，设频率范围足够，则电压表读数为（　　）。

A. 21.1V　B. 7.07 V　C. 14.1 V　D. 28.2 V

6. 用一只三位半的数字电压表的 10V 挡去测量一只标称值为 12V 的蓄电池的端电压，所显示的读数可能是（　　）。

A. 12　B. 1 或-1　C. 12.005　D. 13.12

7. 用 $3I=\frac{E}{R_0''+R_x}$ 位数字电压表的直流 20V 挡测量 15V 左右的电压，可能显示的数值为（　　）。

A. 15　B. 14.998　C. 14.98　D. 14.9

8. 最大显示数字为 19999 的数字电压表在 200mV 挡上的分辨力是（　　）。

A. 10^{-2}V　B. 10^{-3}V
C. 10^{-4}V　D. 10^{-5}V

9. 高频电压表和超高频电压表一般采用（　　）检波器。

A. 均值　B. 有效值
C. 峰-峰值　D. 峰值

10. 设被测电压的频率在电压表的频率范围内，用（　　）电压表测得如图 3-21 所示电压波形的示值为 3.46V。

A. 并联式峰值
B. 有效值
C. 均值
D. 串联式峰值

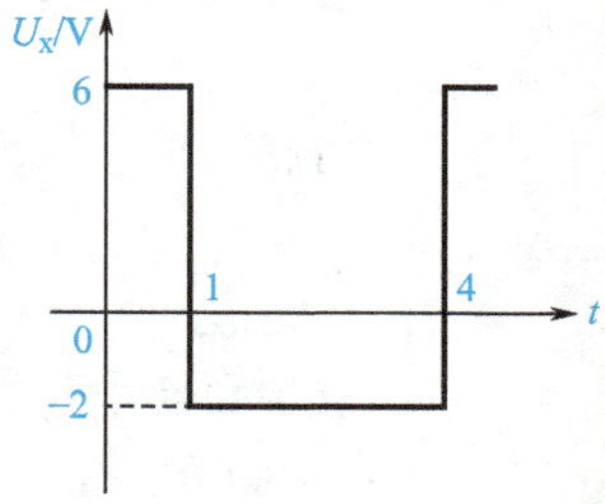

图 3-21

判断题

1. 均值检波器电路中，电容器的充放电时间常数基本相等。（　　）
2. 若数字电压表的固有误差是固定值，则用同一量程测量量程内的不同电压产生的相对误差相同。（　　）
3. 某数字电压表的最小量程是 20mV，最大显示数为 19999V，则它的分辨率是 1μV。（　　）
4. 模拟式交流电压表的测量上限频率要比数字式电压表的测量上限频率低得多。（　　）
5. 直流数字电压表中有 A/D 转换器，而交流数字电压表中没有 A/D 转换器。（　　）
6. 数字式电子电压表是以二进制数的形式显示被测电压值的。（　　）
7. 均值电压表测量正弦交流电压时，读数值就是被测电压的有效值。（　　）
8. 若数字电压表的固有误差是固定值，则用同一量程测量量程内的不同电压产生的相对误差相同。（　　）
9. 均值电压表和有效值电压表测量同一正弦波时，读数相同。（　　）
10. 波形因数越大，反映了波形的脉动程度越大。（　　）

三、单元测评

选择题

1. $I_g=\frac{IR_x}{R_g+R_x}$位 DVM 0.2V 量程的分辨力为（　　）。

A. 0.1V　　B. 0.01V　　C. 0.1mV　　D. 0.01mV

2. 欲显示 12.05V 的被测电压，若测量时使用有超量程能力的 $3\frac{1}{2}$ 数字电压表，能够显示该电压的最小量程是（　　）。

A. 1V　　B. 10V　　C. 100V　　D. 1000V

3. 用峰值电压表测量 f=10kHz，幅度为 3V，占空比 δ=50%的矩形脉冲波，则表的示值为（　　）。

A. 2.12V　　B. 4.24 V　　C. 1.5 V　　D. 3V

4. 在实验中，利用同一块峰值电压表测量幅度相同的正弦波、三角波、方波，读数是（　　）。

A. 方波最大　　B. 三角波最大　　C. 正弦波最大　　D. 一样大

5. 下列说法正确的是（　　）。

A. 测量时选择的连线应尽量短一些，无其他要求
B. 双斜积分式 A/D 转换器的准确度取决于积分电路中元件的参数
C. 测量结束时拆线应先拆信号线或高电位线
D. 逐次逼近比较式 A/D 转换器的准确度与输入电压的大小有关

6. 某 3 位半数字电压表，其最小量程为 200mV，则下列说法正确的是（　　）。

A. 其有超量程能力，且其分辨力为 10μA
B. 其无超量程能力，且其分辨力为 10μA
C. 其有超量程能力，且其分辨力为 20μA
D. 其无超量程能力，且其分辨力为 20μA

7. 测量脉冲电压（尖脉冲）的峰值应使用（　　）

A. 交流毫伏表　　B. 直流电压表　　C. 示波器　　D. 交流电压表

8. 超量程能力是数字电压表的（　　）。

A. 过载保护的能力　　B. 使用外接分压器测量大电压的功能
C. 测量并显示超过量程电压的能力　　D. 测量各种波形电压并正确显示的能力

9. 实验中利用同一块均值电压表测量同一周期的正弦波、方波、三角波电压，读数都相同，若用峰值电压表去分别测量，则读数（　　）。

A. 方波最大　　B. 正弦波最大　　C. 三角波最大　　D. 一样大

10. 峰值电压表由于属于检波-放大式电压表，所以适合测量（　　）。

A. 低频交流电压　B. 高频交流电压　　C. 中频交流电压

判断题

1. 均值电压表测量正弦交流电压时，读数值就是被测电压的有效值。（　　）
2. 均值电压表的读数就是被测信号的有效值。（　　）

3．数字电压表能显示的位数越多，则测量的精确度越高。（　　）

4．放大-检波式电子电压表具有较高的灵敏度，但工作频率范围较窄；检波-放大式电子电压表工作频率范围较宽，但灵敏度较低。（　　）

5．数字多用表测量时，先把其他参数变换为等效的直流电压 U，然后通过测量 U 获得所测参数的数值，具有自动极性显示功能。（　　）

6．若数字电压表的固有误差是固定值，则用同一量程测量量程内的不同电压产生的相对误差相同。（　　）

7．均值电压表和有效值电压表测量同一正弦波时，读数相同。（　　）

8．峰值电压表和均值电压表测量同一正弦交流电，峰值电压表测量误差较大。（　　）

9．均值电压表和峰值电压表的刻度盘都是以正弦波的有效值定度的。（　　）

任务四

数字万用表

数字万用表概述

数字万用表是以数字的方式直接显示被测量的大小，十分便于读数。与一般模拟万用表相比，数字万用表的测量功能较多，它不但能测量直流电压、交流电压、交直流电流和电阻等参数，还能测量信号频率、电容器容量及电路的通断等。除以上测量功能外，还有自动校零、自动显示极性、过载指示、读数保持、显示被测量单位的符号等功能。它以直流电压的测量为基础，测量其他参数时，先把它们变换为等效的直流电压 U，然后通过测量 U 获得所测参数的数值，具有测量精度高，显示直观、可靠性好、功能全、体积小等优点。另外，它还装有快速熔丝管过流保护电路和过压保护元件。

较之模拟式万用表，数字万用表除具有一般的 DVM 所具有的准确度高、数字显示、读数迅速准确、分辨力高、输入阻抗高、能自动调零、自动转换量程、自动转换及显示极性等优点外，由于采用大规模集成电路，所以体积小、可靠性好、测量功能齐全、操作简便。有些数字万用表可以精确地测量电容、电感、温度、晶体管的 h_{FE} 等，大大扩展了功能。数字万用表内部还有较完善的保护电路，过载能力强，等等。由于数字万用表具有上述这些优点，使它获得越来越广泛的应用。但它也有不足之处：不能反映被测量的连续变化过程以及变化的趋势，如用来观察电容器的充、放电过程，就不如模拟电压表方便直观；也不适于作电桥调平衡用的零位指示器。同时，其价格也偏高。所以，尽管数字万用表具有许多优点，但它不可能完全取代模拟式万用表。

部分优利德牌数字万用表如图 4-1 所示，（a）图所示为常见数字万用表外形；（b）图所示为 UT118 系列笔式万用表，它具有 3000 位计数功能，整机电路设计以专用高性能万用表 IC 为核心，具有智能化、高精度、高性能的特点，能完成测量或测试，有 AC/DC（交流/直流）电压、EF 功能（UT118B 型）、电阻、二极管、导通性、电容等参数，具有双重绝缘保护。（c）图所示为 UT200 系列钳形数字万用表，它具有性能稳定、安全可靠、全量程过载保护、测量交流电流极为方便的特点。

部分胜利牌数字万用表如图 4-2 所示，（a）图为 VC921 数字万用表，它具有自动量程，并设计有单位符号显示，使用更加方便；另外还具有抗干扰能力强、在停止使用 15 分钟后自动断电及断电前一分钟发出警报功能、全保护功能、防高压打火电路设计等特点；（b）图为 VICTOR 8245 半台式数字万用表，它是一款带 USB 电脑接口、存储、时钟显示、方波输出、真空荧光屏、可自动转换量程的 $4\frac{1}{2}$ 位数字式按键台表，是一种性能稳定、用 AC220V 供电驱动的高可靠性数字台表。台表采用 140*40mmVFD 显示器，读数清晰；具有数据保持、最大值

/最小值、相对值测量功能。此台表可用来测量直流电压和交流电压、直流电流和交流电流、电阻、电容、温度、二极管、通断测试、方波输出、频率及占空比等参数。整机以大规模集成电路的双积分 A/D 转换为核心，具有自动和手动选择功能，是一款性能优越的工具台表。

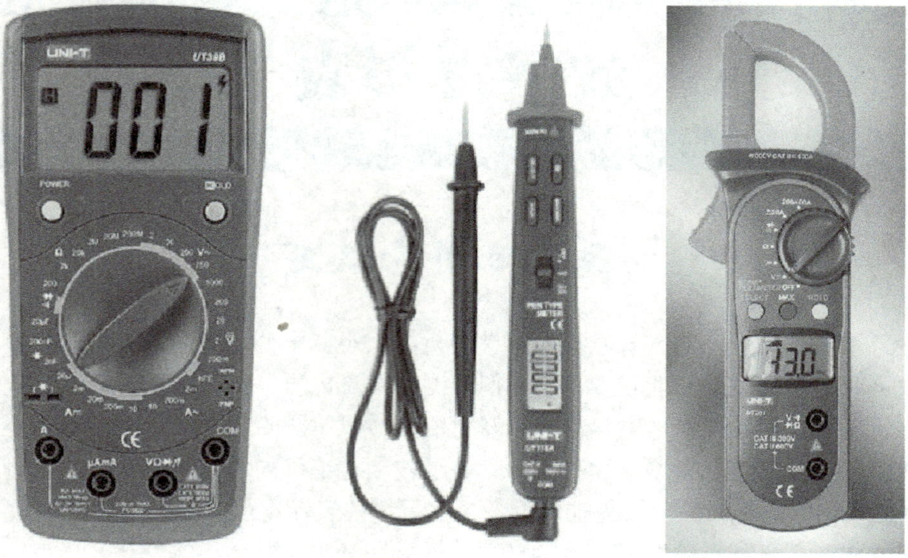

（a）　　（b）　　（c）

图 4-1　部分优利德牌数字万用表

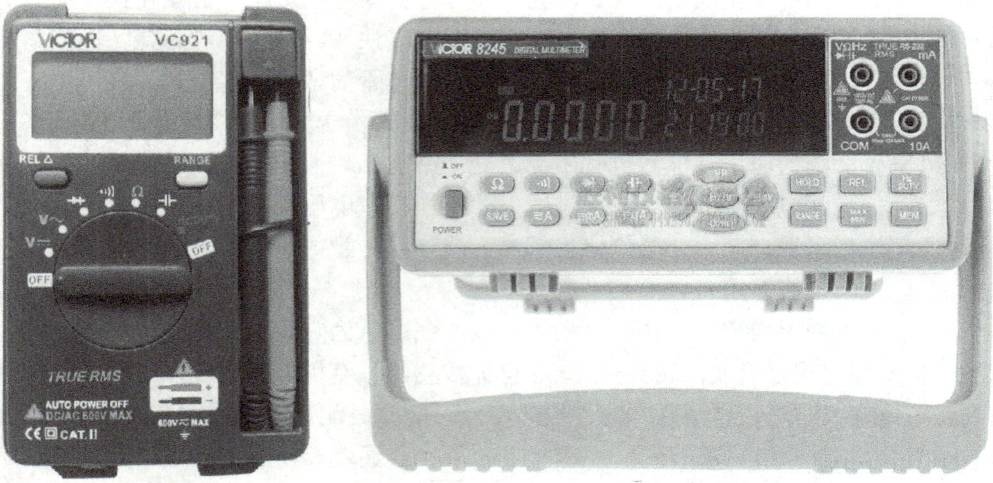

（a）　　（b）

图 4-2　部分胜利牌数字万用表

一、数字万用表的使用

（一）跟我练一练

1. 数字万用表面板功能按钮的使用

如图 4-3 所示为 UNI-T UT39B 数字式万用表的各按钮分布。

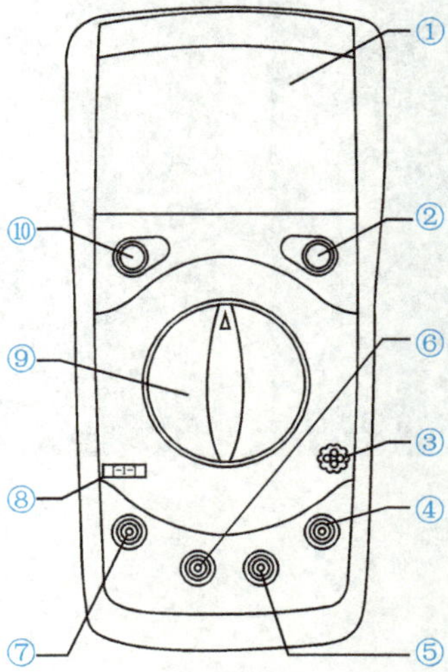

图 4-3　UNI-T UT39B 数字式万用表面板图

① LCD 显示器：用来显示当前测量状态和最终测量数值，例如，当前选择的量程为交流“200mV”，那么在其右上角显示“AC”字符，表示待测电路为交流电路。

② 数据保持选择按键：在其上方标识有“HOLD”字符，按下此键，仪表当前所测数值就会保持在液晶屏上，并出现“H”符号，直到再次按下，“H”符号消失，退出保持状态。

③ 晶体管放大倍数测试输入座：如图 4-1 所示，在操作面板的右上有一小圆略低于面板，由 4 个小孔组成一个圆形分布于其中，每个孔旁都标有一个字符，这就是测量三极管的输入端。它们分为 2 组，这 4 个小孔旁边分别标识有“E”“B”“C”，表示发射极、基极、集电极。可以发现有两个基极插孔，在测量时，根据方便，选择其中一个与其他两个孔一起测量三极管的三根引线，在其下标识有“PNP”，表示测量的为 PNP 型三极管；另外是用来测量 NPN 型三极管。

④、⑤、⑥、⑦ 其余测量输入端：如图 4-1 所示可以看到，通常数字式万用表的操作面板下面有 4 个插孔，分别标识为“A”“μAmA”“VΩ”“COM”，它们是用来与万用表表笔相连的表笔插孔，具体的用法与插接方法和指针式万用表的基本相同。

⑧ 电容测试座：在操作面板的左侧有两个长条形的插孔，旁边标识有“-||-”字符，表示为电容插座。有这样插座的数字式万用表可以测量电容，有些电容器是有极性的，所以在条形孔的旁边标有“+”“-”，检测时，仅需把待测有极性的电子元件引线端插入相应的插孔即可。

⑨ 量程开关：该功能旋钮位于操作面板的主体位置，跟指针式万用表的功能旋钮一样，在它的圆周有量程、刻度盘，测量功能包括：电压、电流、电阻、电容、二极管、三极管等，UNI-T UT39B 数字式万用表的功能旋钮如图 4-4（a）所示。测量时，仅需要旋动中间的功能旋钮，使其指示到相应的挡位及量程刻度，即可进入相应的状态，当前状态在液晶显示屏上也会有显示。例如，要测量物体的电阻，就需要把功能旋钮置于“Ω”处（根据自己的需要选择量程），即可进入电阻测量状态，在液晶显示屏右侧会显示当前测量的阻值。

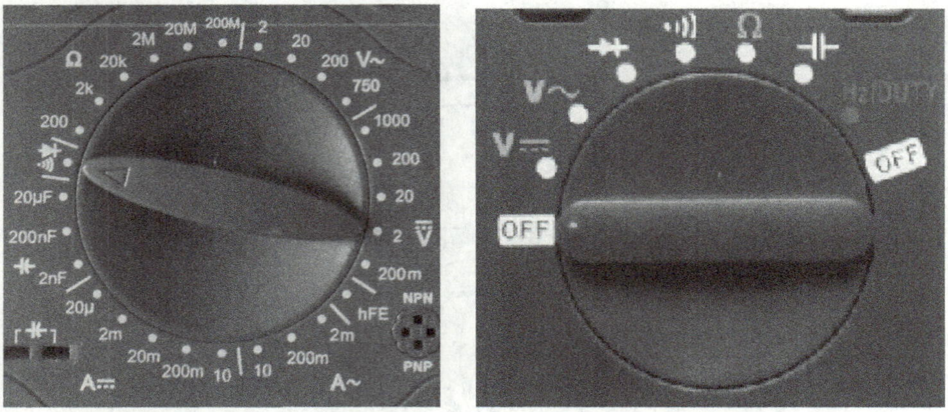

（a）　　　　（b）

图 4-4　数字万用表功能的旋钮

其主要功能如下：

- 直流电压(DCV)：分五挡 200mV，2V，20V，200V，1000V。
- 交流电压(ACV)：分四挡 2V，20V，200V，750V。
- 直流电流(DCA)：分五挡 20μA，2mA，20 mA，200 mA，10A。
- 交流电流(ACA)：分三挡 2mA，200mA，10A。
- 电阻 Ω：分六挡 200 Ω，2kΩ，20kΩ，2MΩ，20MΩ，200MΩ。

其中还有二极管挡也用于电路通断测试，当两测试点间电阻为 0 时，蜂鸣器会发声，同时发光二极管会发光。

- 电容 F：分三挡 2nF，200nF，20μF。电容测量时会自动校零。
- 三极管：h_{FE} 参数测试。可测 NPN 型、PNP 型晶体管。

具有自动量程选择功能的数字式万用表，在功能旋钮的圆周只有功能挡位，如图 4-4（b）某万用表所示。测量时，需要设置相应的功能挡位，这类万用表可以根据测量的结果自动调整量程范围，显示出最佳的测量结果。

⑩ 电源开关：在其上方标识有“POWER”字符，用以打开或关闭数字式万用表。

2. 电流、电压、电阻的测量

（1）数字式万用表使用前的准备

① 连接测量表笔

数字式万用表也有两支表笔，用红色和黑色标识，测量时将其红表笔插到“VΩ”端或电流测试端，黑表笔插到“COM”端，COM 端是检测的公共端，如图 4-5 和图 4-6 所示。

② 设置测量功能与量程

数字式万用表使用前不用像指针式万用表那样需要表头零位校正和零欧姆调整，只需要根据测量的需要，调整万用表的功能旋钮，将万用表调整到相应测量状态，这样无论是测量电流、电压还是电阻都可以通过功能旋钮轻松地切换，图 4-4（a）所示为功能旋钮的切换，当前的位置为数字式万用表的通断挡，用来判别电路的通断。数字式万用表设置量程时，应尽量选择大于待测参数但最接近的挡位，若选择量程范围小于待测参数，万用表液晶屏显示“1”，表示超范围了；若选择量程远大于待测参数，则可能读数不准确。

③ 打开电源开关：测量范围设置好后，按下电源开关，将数字式万用表打开。

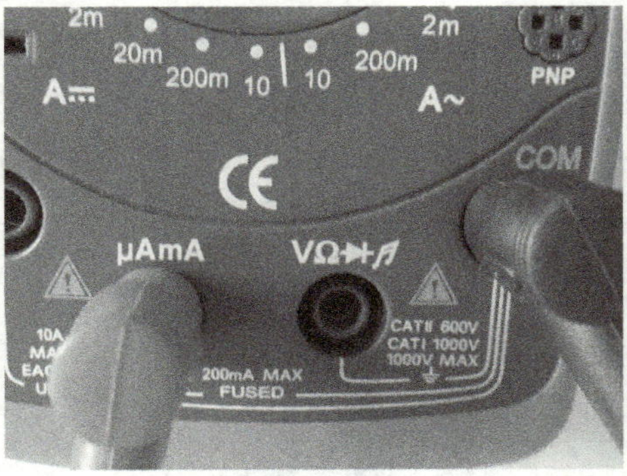

图 4-5　测量电阻、电压等表笔插孔

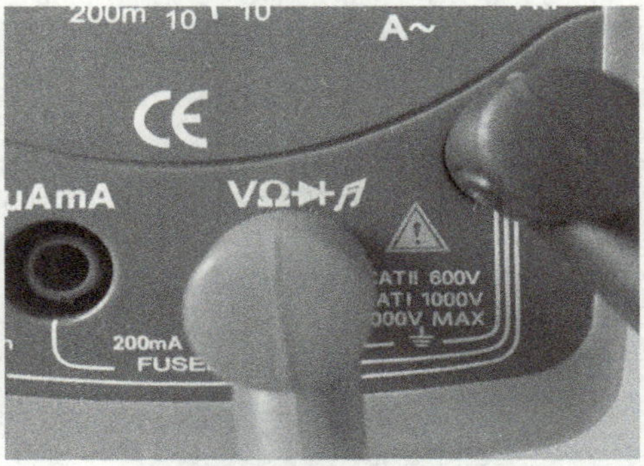

图 4-6　测量电流表笔插孔

（2）测量电流（直流、交流）

数字式万用表测量前的准备工作完成后就可以进行具体的测量了。

① 使用数字式万用表测量直流电流

首先，在使用数字式万用表进行测量之前，要设置万用表的量程，选择 20mA 的量程。然后将红表笔插在万用表的 μAmA 端，黑表笔插在万用表接地端(COM)，如图 4-7 所示。然后将万用表红、黑表笔分别串联接到需要测量的电路中，待测量电路的上端接正极，将万用表的红表笔接电路正极，下端为负极，万用表黑表笔接电路的负极，此时即可通过数字显示屏读取出测量的直流电流值。其连接方法如图 4-7 所示。

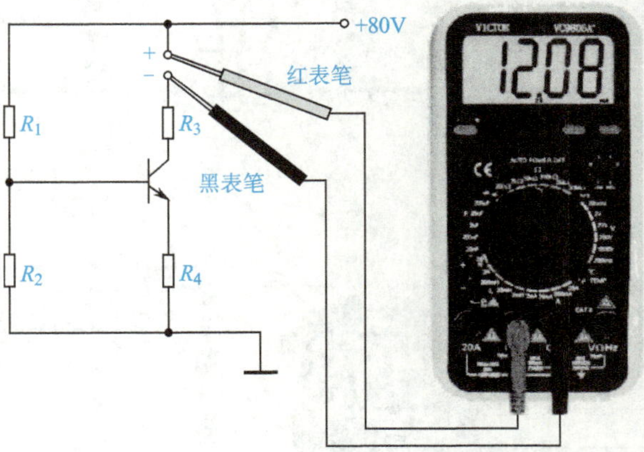

图 4-7　数字万用表测三极管的集电极电流

上述电路检测时，对换一下表笔，再次对电流进行检测，即待测电路的上端（正极）与万用表黑表笔相连，下端（负极）与红表笔相连，这时从显示屏上读取的数值为“-12.06mA”，这说明数字式万用表检测直流电流时对表笔的极性没有严格的要求，并且还能通过读数来区分电极的正负极。

② 使用数字式万用表测量交流电流

使用万用表检测交流电流的步骤与检测直流电流的步骤基本相同，只是在设置万用表的量程时有所区别，将万用表的功能旋钮调至交流位置并选择合适的量程，就可以检测交流电流了。数字式万用表则要选择交流（AC）电流挡位或是打开交流（AC）开关。当测量交流电流时无论是指针式还是数字式万用表，对表笔的极性都没有严格的要求。

（3）测量电压（直流、交流）

① 使用数字式万用表测量直流电压

如图 4-8 所示为数字电压表测量直流电压的连接方法，根据实际电路选择好合适的直流电压测量量程之后，将万用表的红、黑表笔接到电路中，例如，万用表的红表笔接电源或负载的正极；万用表的黑表笔接电源或负载的负极，万用表的数字显示为正。如果将万用表的正极接了电源或负载的负极，将负极接了电源或负载的正极，则万用表的数字显示为负。

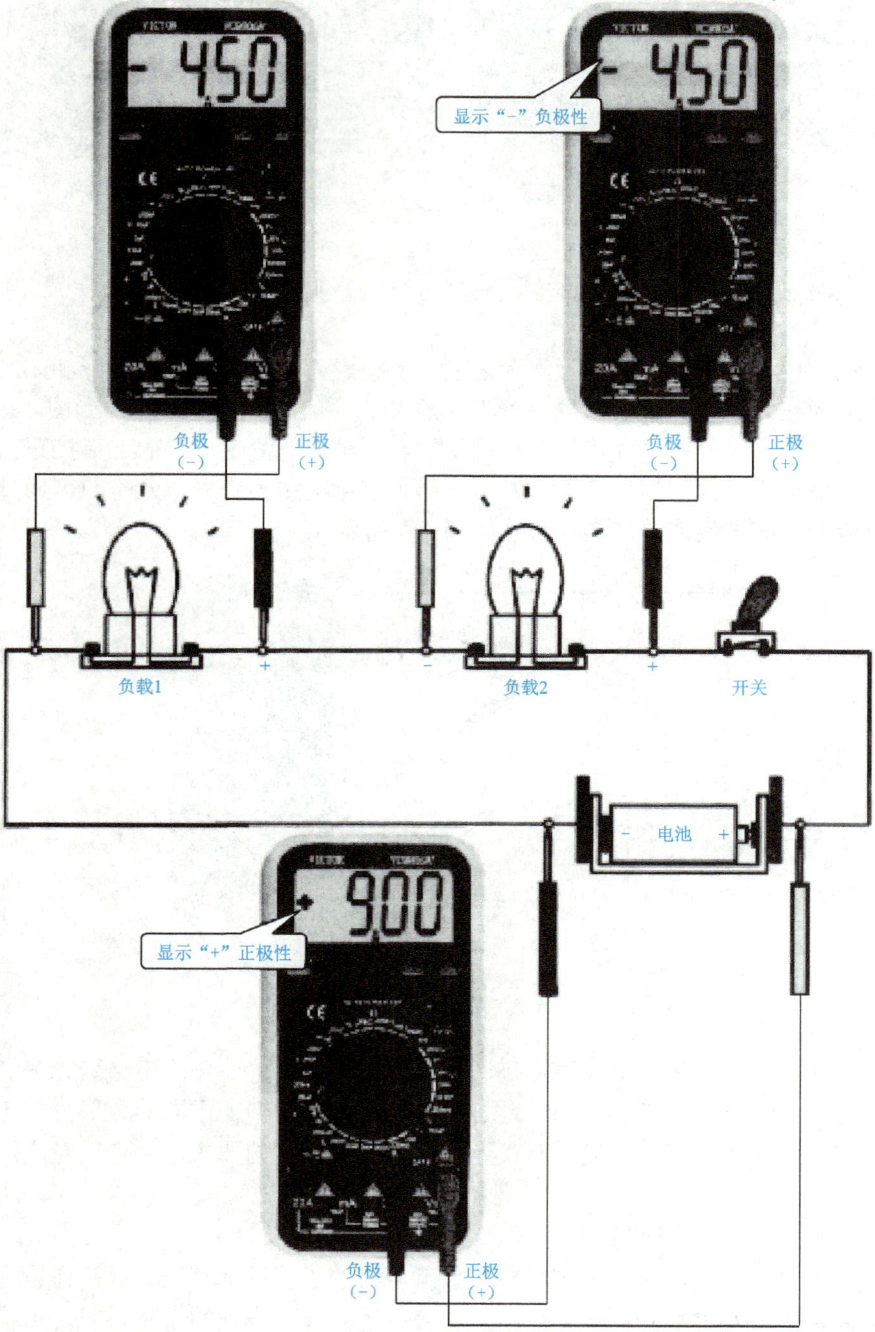

图 4-8　数字万用表测量直流电压的连接方法

② 使用数字式万用表测量交流电压

使用万用表检测交流电压与检测直流电压的方法相同，只是测量时不分正负极，具体方法如图 4-9 所示。

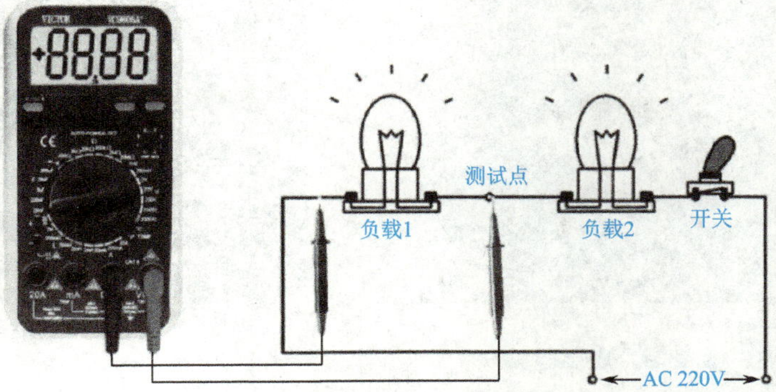

图 4-9　数字万用表测量交流电压

（4）测量电阻

使用万用表对其进行检测，首先将万用表的电源开关打开，将万用表调至欧姆挡，根据负载的阻值将万用表的量程调至合适挡位，电阻器的引脚是无极性的，将万用表的红、黑表笔分别搭在待测负载两端的引脚上，测量灯泡电阻的接法和万用表的量程选择如图 4-10 所示。

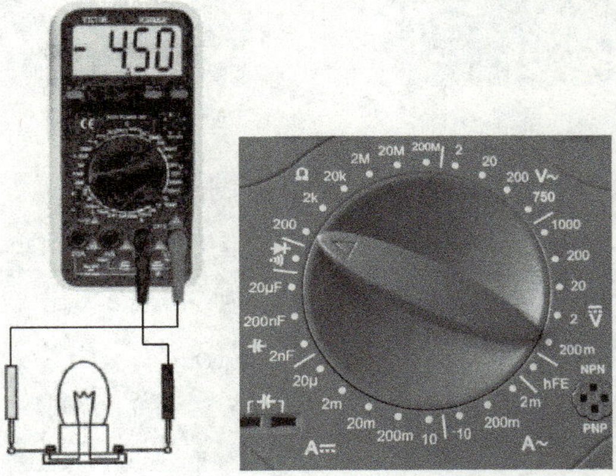

图 4-10　测量电阻功能旋钮

（二）仿真练一练

1. 旋钮的使用

如图 4-11 所示为 UNI-T UT39B 数字式万用表不同测量功能旋钮位置的示意图。

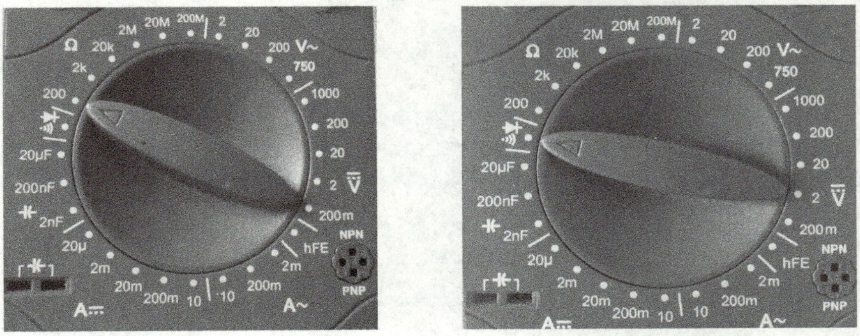

测量电阻挡位　　　　测量电路通断挡

图 4-11　UNI-T UT39B 数字式万用表的不同测量功能的旋钮位置

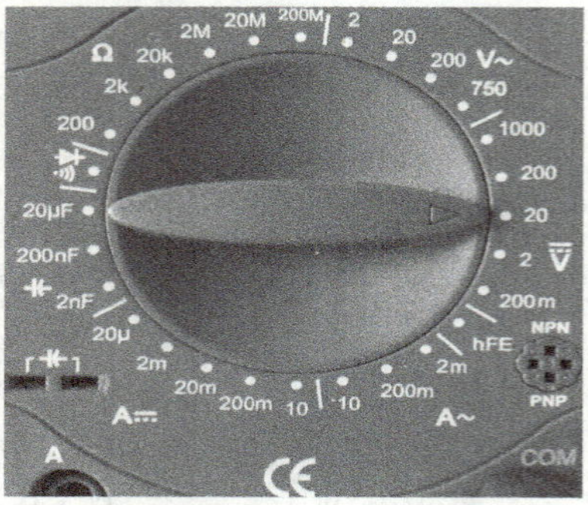

测量直流电压挡位

测量交流电压挡位

测量交流电流挡位

测量直流电流挡位

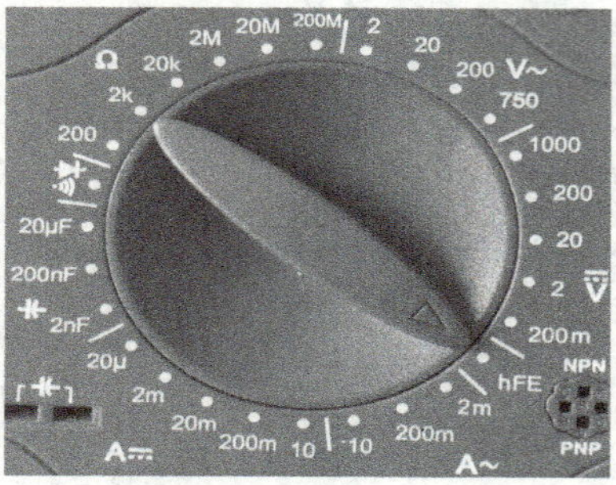

测量电容挡位

测量三极管挡位

图 4-11　UNI-T UT39B 数字式万用表的不同测量功能的旋钮位置（续）

2. 仿真测量电阻、电流、电压

借助仿真平台，根据要求进行仿真测量，将测量结果记入表 4-1 中。

表 4-1　仿真测量数据记录

测量项目	测量对象	量　程	读　数

（三）实践量一量

1. 测量直流稳压电源的输出电压

如图 4-12 所示为直流稳压电源输出电压的测量。

图 4-12　直流稳压电源输出电压的测量

2. 用数字万用表测量电阻、电流、电压

（1）测量电阻

① 用数字万用表的电阻挡测量给定电阻的阻值，注意万用表的正确使用（挡位选择、表笔插孔、屏幕读数、单位等）。

② 更换不同量程测试 2 次，将测量数据记录在表 4-1 的 2，3 中，并注明量程。

③ 更换同型号万用表，重新测量 2 次，将测量结果记入表 4-2 的 4，5 中并注明量程。

表 4-2　用数字万用表测量电阻数据记录

万用表量程	测量结果				
	1	2	3	4	5

（2）测量直流电压

① 按如图 4-13（a）所示连接电路，将电位器阻值调至最大，接通电源，调节电位器至发光二极管亮度合适。

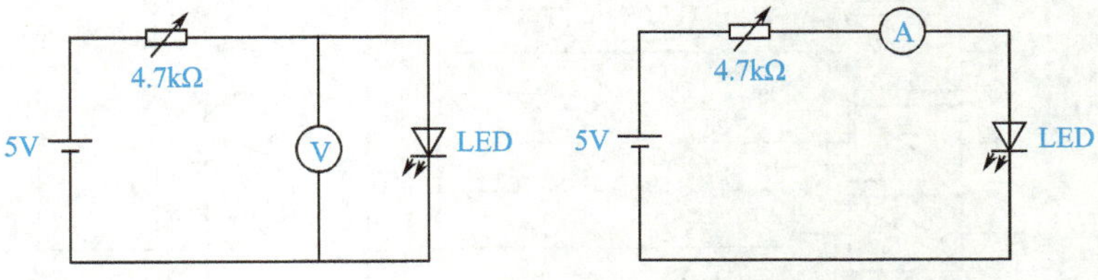

（a）　（b）

图 4-13　测量直流电压和直流电流实验电路

② 用数字万用表的电压挡测量发光二极管两端的电压，注意电压的极性和量程的正确选择。更换不同电压挡位万用表，重新测量 4 次，将测量结果记入表 4-3 中。

表 4-3　用数字万用表测量直流电压数据记录

万用表量程	测 量 结 果				
	1	2	3	4	5

（3）测量直流电流

断开上述电路中电位器与发光二极管之间的连线，按照图 4-13（b）所示将万用表接入电路，用数字万用表的电流挡测量发光二极管上的电流，注意电流的极性和量程的正确选择。更换不同电流挡位，重新测量 4 次，将测量结果记入表 4-4 中。

表 4-4　用数字万用表测量直流电流数据记录

万用表量程	测 量 结 果				
	1	2	3	4	5

二、数字万用表的结构与原理

（一）自主学一学

1. 数字万用表的结构与框图

（1）数字万用表的结构

数字式万用表与指针式万用表相比，其灵敏度更高、准确度更高、显示清晰、过载能力强、便于携带、操作简单，广泛用于各类电路的检测中。数字式万用表主要是由液晶显示屏、开关机按键、读数保持按键、功能转换开关、表笔插孔，以及红表笔和黑表笔等组成。

（2）数字万用表的框图

如图 4-14 所示是某种型号数字万用表的原理方框图。全机由集成电路 ICL-7129、$4\frac{1}{2}$ 位 LCD、分压器、电流-电压变换器（I-U）、电阻-电压变换器（R-U）、AC-DC 转换器、电容-电压变换器（C-U）、频率-电压变换器（f-U）、蜂鸣器电路、电源电路等组成。

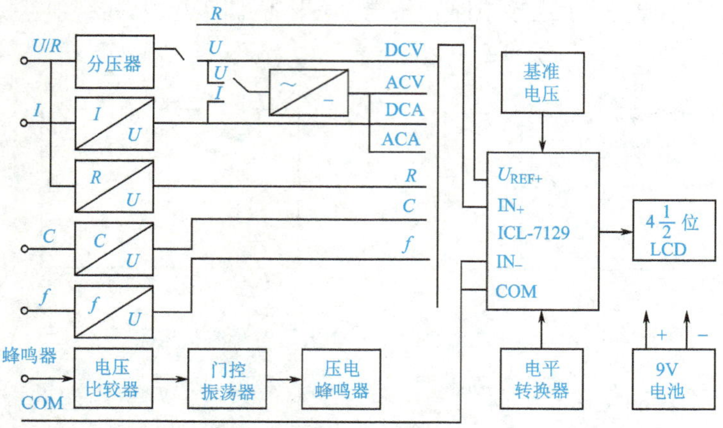

注：IN_+、IN_-为A/D转换器输入电压正负端；COM为公共端（模拟地）；U_{REF+}为基准电压正端。

图 4-14　某种型号数字万用表的原理方框图

集成电路 ICL-7129 测量电路的基本部分是基本量程为 200 mV 的直流数字电压表。对于电流、电阻、电容量、频率等非电压量，都必须先经过变换器转换成电压量后，再送入 A/D 转换器。对于高于基本量程的输入电压，还须经分压器变换到基本量程范围内。

ICL-7129 型 A/D 转换器内部包括模拟电路和数字电路两大部分。模拟部分为积分式 A/D 转换器。数字部分用于产生 A/D 转换过程中的控制信号及对转换后的数字信号进行计数、锁存、译码，最后送往 LCD 显示器。该万用表使用 9V 电池，经基准电压产生电路产生 A/D 转换过程所需的基准电压 U_{REF+}；电平转换器则将电源电压转换为 LCD 显示所需的电平幅值。它每秒可完成 A/D 转换 1.6 次。

2. 数字万用表的测量信号流程图

测量电压、电流和电阻时的电路连接，如图 4-15 所示。

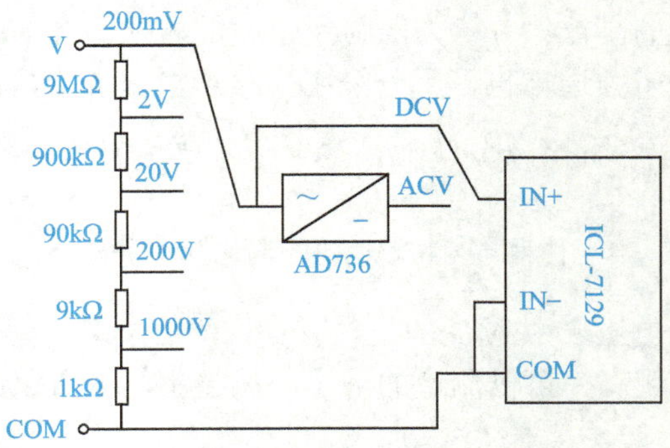

（a）电压测量电路

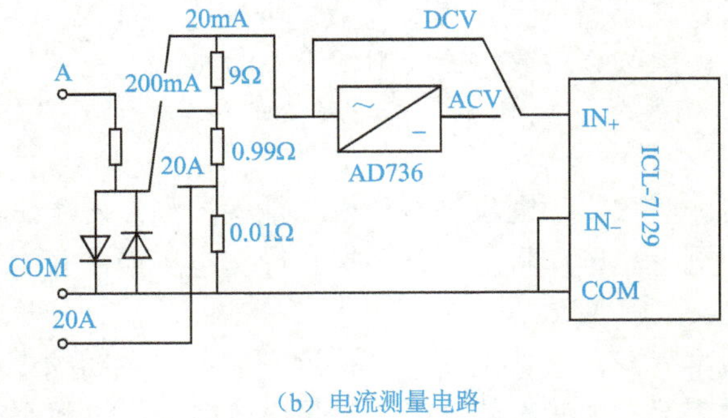

（b）电流测量电路

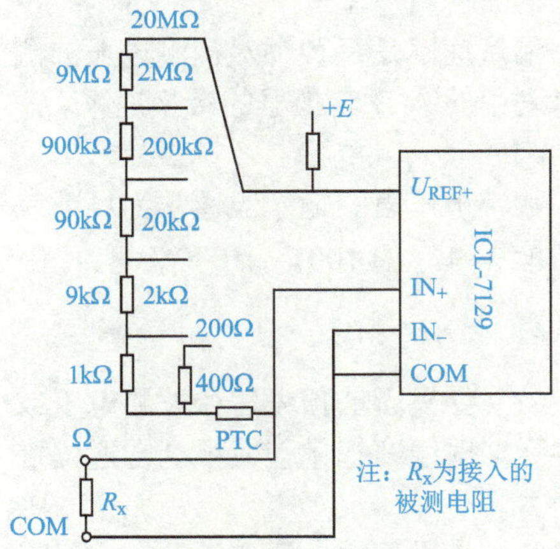

（c）电阻测量电路

图 4-15　测量电压、电流和电阻时的电路连接图

电压测量的基本量程为 200 mV，对高于 200 mV 的被测电压，测量时需通过分压电路变换到基本量程范围内。测量电流时，被测电流流过取样电阻，将电流量转换为电压量送至 A/D 转换器。取样电阻的大小依量程而定，它保证在满量程电流值时，取样电压为 200 mV。

测量交流电压和电流时，还须经过 AC/DC 转换。本仪器使用集成电路 AD736 来完成交直流转换。它是一种计算式有效值型转换器，既可用于测量正弦电压，也可用于测量方波、三角波等非正弦电压，所得结果均为有效值，不必进行换算。但是，由于交流测量电路中没有使用隔直流电容器，因此指示值为交流分量有效值和直流分量之和。

电阻和电压测量共用一个输入端。ICL-7129 有一个量程控制端，测量电阻时可将仪器基本量程改为 2V。这时 U_{REF+}端电压为+3.2V，被测电阻与内部的标准电阻串联后分压，将被测电阻转换为相应的电压值进行测量。

3. 数字万用表的主要技术参数

(1) 显示位数

显示位数通常为 $2\frac{1}{2}$ 位～$8\frac{1}{2}$ 位。其中常用的有 $3\frac{1}{2}$ 位、$3\frac{2}{3}$ 位、$3\frac{3}{4}$ 位、$4\frac{1}{2}$ 位等。

数字式万用表显示位数的定义有两条含义：整数部分代表能显示 0～9 中所有数字的位数；分数部分的分母代表满量程时最高位能显示的数字，分子代表最高位可显示的最大数字。

(2) 分辨力

数字式万用表在最低电压量程上末位的 1 个数字所代表的电压/电流值，称作仪表的分辨力，它反映仪表灵敏度的高低。分辨力随显示位数的增加而提高。

数字式万用表的分辨力通常也可用分辨率来表示。分辨率是指显示屏所能显示的最小数字（零除外）与最大数字的百分比。例如，$3\frac{1}{2}$ 位数字式万用表的分辨率为 1/1999=0.05%。

用同样的方法可计算出，$4\frac{1}{2}$ 位和 $5\frac{1}{2}$ 位数字式万用表的分辨率依次为 0.005%和 0.0005%。

由于分辨力与数字电压表中 A/D 的位数有关，位数越多，分辨力越高，故有时称具有多少位的分辨力。分辨力越高，可以测量的最小电压越小，电压表越灵敏，故又把分辨力称作灵敏度。

(3) 测量速率

测量速率是每秒钟对被测电压的测量次数或测量一次所需的时间，它主要取决于 DVM 中所采用的 A/D 转换器的转换速率。

(4) 输入阻抗

数字电压表的输入级通常为场效应管，在小量程上，其输入阻抗可高达 104MΩ 以上，在大量程时（如 100V，1000V 等），由于使用了分压器，输入阻抗为 10MΩ。

4. 数字万用表的使用注意事项

（1）如果无法预先估计被测电压或电流的大小，则应先拨至最高量程挡测量一次，再根据实际情况逐渐把量程减小到合适位置。测量完毕，将量程开关拨到最高电压挡，并关闭电源开关。

（2）满量程时，仪表仅最高位显示数字“1”，其他位均消失，这时应选择更高的量程。

（3）测量电压时，应将数字万用表的表笔与被测电路并联；测量电流时，应将数字万用表的表笔与被测电路串联。

（4）当误用交流电压挡去测量直流电压或者误用直流电压挡去测量交流电压时，显示屏将显示“000”或低位上的数字出现跳动。

（5）测量时，不能将显示屏对着阳光直晒，这样不仅会导致显示的数值不清晰，而且还会影响显示屏的使用寿命，并且万用表也不要在高温的环境中存放。

（6）禁止在测量高电压（220V 以上）或大电流（0.5A 以上）时切换量程，以防产生电弧，烧毁开关触点。

（7）测量电容时，注意要将电容插入专用的电容测试座中，不要插入表笔孔内；每次切换量程时都需要一定的复零时间，待复零结束后再插入待测的电容；测量大电容时，显示屏显示稳定的数值需要一定的时间。

（8）显示屏显示“电池符号”时，说明电池电压过低，需要更换电池。

（9）使用完毕后，对于没有自动关机功能的万用表应将电源开关拨至 OFF 状态。

（二）拓展修一修

检修数字万用表好比医生给病人看病，不仿借用中医诊断时常用的“望、闻、问、切”四字诀。望：先对仪表进行外观检查，有无机械、电气损伤，零部件损坏或丢失等；闻：听取使用人员介绍发生故障所看到的异常现象等；问：对疑点要多问几个为什么？例如，操作人员是否有误动作，仪表的过流及过压保护电路是否发生断路或短路故障；切：进行切合实际的分析，必要时画出检修流程图，为迅速排除故障创造条件。

1. 常见故障的仿真分析

故障一（短路）

直流电流挡不能进行测量。

（1）故障分析导图

故障分析导图如图 4-16 所示。

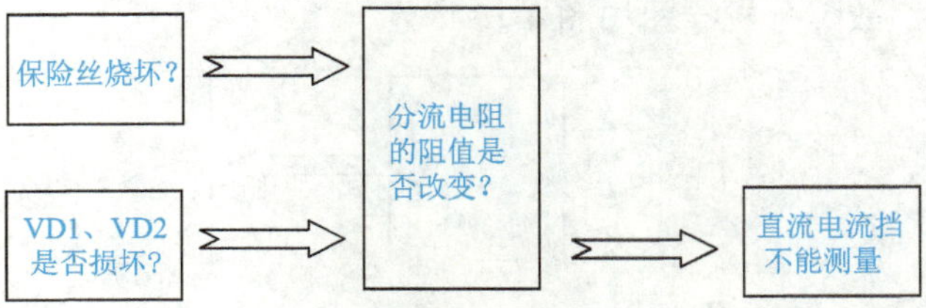

图 4-16　直流电流挡不能进行测量故障分析导图

（2）动画显示故障回路

打开仿真软件，进入故障维修模块，选择故障一“直流电流挡不能测量”，单击“显示故障回路”，观察、分析故障可能发生的范围。

（3）动画显示可能的故障元件

单击“可能的故障元件”，观察、分析故障可能的故障元件。

短路故障仿真检修：

直流电流挡不能进行测量。

（1）仿真检测

步骤一：打开后箱检查 0.2A 的保险丝是否烧毁，若烧断了可能是由测量电流等操作不当导致的，更换保险丝，若保险丝完好，则进行步骤二检查。

步骤二：打开后箱检查在电流测量电路中起保护作用的二极管 VD1、VD2 是否损坏，将二极管卸下，用万用表进行检测，若二极管损坏，则更换新的二极管，若二极管完好，再焊接上去，进行第三步检测。

步骤三：若上述两种情况都是好的，则检查电流测量电路中的各个分流电阻的阻值是否改变，若发生改变也会导致直流电流挡不能正确测量，做好表 4-5 的记录。

表 4-5　故障一检测记录

故障现象	故障范围	检测记录

(2) 判别故障

根据上述测量值，判断故障元件或故障部位。

(3) 排除故障

更换新的元器件。

(4) 检验是否成功

打开电源开关，检查万用表是否正常工作。

故障二（断路）

基本电压挡正常，但其余电压挡总显示为零。

原因：直流电压测量电路中排在首位的分压电阻开路，造成输入信号与测量机构间的通路被切断。因此，除基本电压挡外，无论外加多大的输入电压都不能传入测量机构，显示始终为零。

(1) 故障分析导图

故障分析导图如图 4-17 所示。

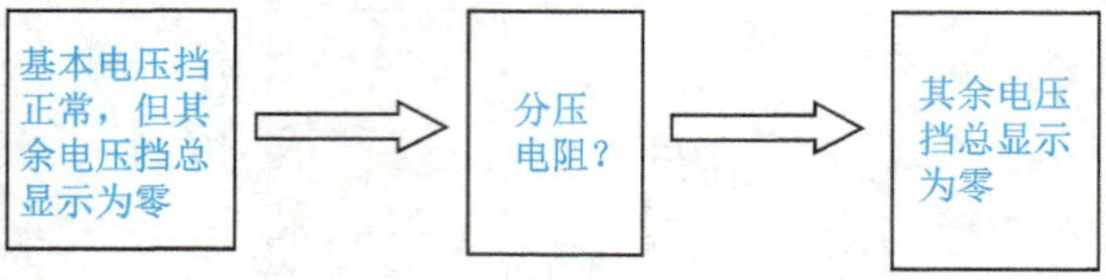

图 4-17　电压挡不能正常测量故障分析导图

(2) 动画显示故障回路

打开仿真软件，进入故障维修模块，选择故障二“基本电压挡正常，但其余电压挡总显示为零”，单击“显示故障回路”，观察、分析故障可能发生的范围。

(3) 动画显示可能的故障元件

单击“可能的故障元件”，观察、分析故障可能的故障元件。

断路故障仿真检修：

(1) 仿真检测

单击“仿真检修”，用万用表电阻挡测量相应的分压电阻，填入表 4-6 中。

表 4-6　故障二检测记录

故障现象	故障范围	检测记录

(2) 判别故障

根据上述测量值，判断故障元件或故障部位。

(3) 排除故障

用电烙铁对开路点进行连接恢复。

(4) 检验是否成功

打开电源开关，检验万用表是否正常工作。

故障三（元器件损坏）

打开数字万用表的开关按钮，显示屏无显示。

（1）故障分析导图

元器件损坏故障分析导图如图 4-18 所示。

图 4-18　元器件损坏故障分析导图

（2）动画显示故障回路

打开仿真软件，进入故障维修模块，选择故障三“显示屏无显示”，单击“显示故障回路”，观察、分析故障可能发生的范围。

（3）动画显示可能的故障元件

单击“可能的故障元件”，观察、分析故障可能的故障元件。

原因一：9V 电池是否正常；

原因二：电池的夹线有没有断开，导致接触不良；

原因三：电源开关按钮是否有损坏。

元器件损坏故障仿真检修

（1）仿真检测

单击“仿真检修”，用万用表电阻挡测量滤波电容、整流二极管、保险丝的电阻，填入表 4-6 并与正常值进行比较。

步骤一：打开后箱检查，拿出 9V 电池，用好的万用表检测电池的电压，是否为 9V，若电池电压不正常，更换电池即可；若正常则进行步骤二检查。

步骤二：若电池正常，则检查电池的夹线是否有断开的，可以用好的万用表的通断挡对夹线有无连接好进行检测。若夹线有断开，则重新接好即可；若夹线也正常，则进行步骤三检查。

步骤三：若以上两步正常，则需检查电源开关按钮有无损坏。

结论：若电池正常，但从单片机 A/D 转换器上测不出电压的话，则可能是电池引线开路或者开关接触不良，做好表 4-7 记录。

表 4-7　故障三检测记录

元　件	整流二极管				电　池
标号					
正常电阻					
测量值					

（2）判别故障

根据上述测量值，判断故障元件。

（3）排除故障

移去故障元件，从元件库选择同型号元件安装到电路板相应位置。

（4）检验是否成功

打开电源开关，检验万用表是否正常工作。

（三）探究想一想

1. 如果我们不知道被测电压的大小，用万用表应该怎么去测量呢？

2. 如果要是对电极区分不清楚的时候，便不能测量电流了吗？

（四）自评考一考

判断题

1. 数字万用表的显示是通过指针来读数的。（　　）
2. 使用数字万用表之前，首先需进行机械校零和欧姆调零。（　　）
3. 在使用数字万用表时，不能超过万用表所选用的量程，必要时应先试触。（　　）
4. 数字万用表在测量电压时应将表笔与所测电路并联。（　　）
5. 数字万用表在测量电流时应将表笔与所测电路并联。（　　）

选择题

1. 用数字万用表测量电池的电压需要将功能旋钮选择到（　　）。
   A. 直流电压挡　B. 交流电压挡　C. 直流电流挡　D. 欧姆挡
2. 用万用表测量大电流时（　　）。
   A. 红表笔接 COM 端，黑表笔接 VΩ 端　B. 红表笔接 VΩ 端，黑表笔接 COM 端
   C. 红表笔接 20A 端，黑表笔接 COM 端　D. 红表笔接 μA 端，黑表笔接 COM 端
3. 用数字万用表测量电阻时（　　）。
   A. 红表笔接 COM 端，黑表笔接 VΩ 端　B. 红表笔接 μA 端，黑表笔接 COM 端
   C. 红表笔接 COM 端，黑表笔接 μA 端　D. 红表笔接 VΩ 端，黑表笔接 COM 端
4. 数字万用表测量稳压电压的输出电压时应将功能旋钮选择到（　　）。
   A. 直流电压挡　B. 交流电压挡　C. 直流电流挡　D. 欧姆挡
5. 数字万用表测量家用插座的输出电压时应将功能旋钮选择到（　　）。
   A. 直流电压挡 1000V　B. 交流电压挡 750V
   C. 直流电压挡 200V　D. 交流电压挡 200V

三、单元测评

判断题

1. 数字万用表在测量电压时应将表笔与所测电路并联。（　　）
2. 测量 10V 左右的直流电压时，应将旋钮拨到直流电压 200V 挡。（　　）

3．在使用数字万用表时，不能超过万用表所选用的量程，必要时应先试触。（　　）

4．用数字万用表测电阻时，所选择的量程是 2k，如果显示屏显示 0.989，则电阻的阻值为 989Ω。（　　）

5．在使用数字万用表之前，首先需进行机械校零和欧姆调零。（　　）

6．用数字万用表测量电池的电压需要将功能旋钮选择到交流电压挡位。（　　）

7．用数字万用表测量信号发生器输出的电压需要将功能旋钮选择到交流电压挡。（　　）

8．数字万用表在使用结束后需将电源关闭以节省电量。（　　）

9．数字万用表的读数是通过指针来读数的。（　　）

10．数字万用表在测量电流时应将表笔与所测电路并联。（　　）

选择题

1．当数字万用表打在欧姆挡的 20k，测量电阻，显示屏显示数字 015，则该电阻为（　　）。

A．15Ω　　B．150Ω　　C．15kΩ　　D．150kΩ

2．用数字万用表测量电阻时要将（　　）。

A．红表笔接 COM 端，黑表笔接 VΩ 端

B．红表笔接 μAmA 端，黑表笔接 COM 端

C．红表笔接 COM 端，黑表笔接 μAmA 端

D．红表笔接 VΩ 端，黑表笔接 COM 端

3．数字万用表测量家用插座的输出电压时应将功能旋钮选择到（　　）。

A．直流电压挡 1000V　　B．交流电压挡 750V

C．直流电压挡 200V　　D．交流电压挡 200V

4．数字万用表测量三极管时，应将挡位选择（　　）。

A．通断挡　　B．直流电压挡　　C．直流电流挡　　D．hFE 挡

5．用数字万用表测量电池的电压需要将功能旋钮选择到（　　）。

A．直流电压挡　　B．交流电压挡　　C．直流电流挡　　D．欧姆挡

6．用数字万用表测量稳压电源的输出电压时应将功能旋钮选择到（　　）。

A．直流电压挡　　B．交流电压挡　　C．直流电流挡　　D．欧姆挡

7．数字万用表上 HOLD 键的作用是（　　）。

A．数据保持　　B．开关键　　C．功能选择按钮　　D．无法确定

8．数字万用表测量某直流电压时，拨到直流电压 2V 挡，万用表显示“1”，是（　　）。

A．量程选择的太高　　B．量程选择的太低

C．接触不良　　D．无法确定

9．测量 1kΩ 的电阻值，万用表的量程最好选择在（　　）。

A．200Ω　　B．2kΩ　　C．20kΩ　　D．2MΩ

10．用万用表测量大电流时要将（　　）。

A．红表笔接 COM 端，黑表笔接 VΩ 端

B．红表笔接 VΩ 端，黑表笔接 COM 端

C．红表笔接 20A 端，黑表笔接 COM 端

D．红表笔接 μAmA 端，黑表笔接 COM 端

电子示波器

电子示波器概述

电子示波器是电子测量中最常用的一种仪器。它可以直观地显示电信号的时域波形图像，并根据波形测量信号的电压、频率、周期、相位、调幅系数等参数，亦可间接观测电路的有关参数及元器件的伏安特性；利用传感器，示波器还可测量各种非电量甚至人体的某些生理现象。示波器也可以工作在 X-Y 模式下，用来反映相互关联的两信号之间的关系。所以，在科学研究、工农业生产、医疗卫生等方面，示波器获得了广泛的应用。

根据目前发展的现状，电子示波器主要分为模拟示波器和数字示波器，进一步可分为以下几类：通用示波器（包括简易示波器、慢扫描示波器、多线示波器和多踪示波器等），取样示波器，存储示波器，特种示波器等。

模拟示波器采用的是模拟电路（示波管，其基础是电子枪），电子枪向屏幕发射电子，发射的电子经聚焦形成电子束，并打到屏幕上，屏幕的内表面涂有荧光物质，这样电子束打中的点就会发出光来，具有实时显示，波形真实、结构简单的特点。图 5-1（a）所示为通用单踪模拟示波器，图 5-1（b）所示为通用双踪模拟示波器。

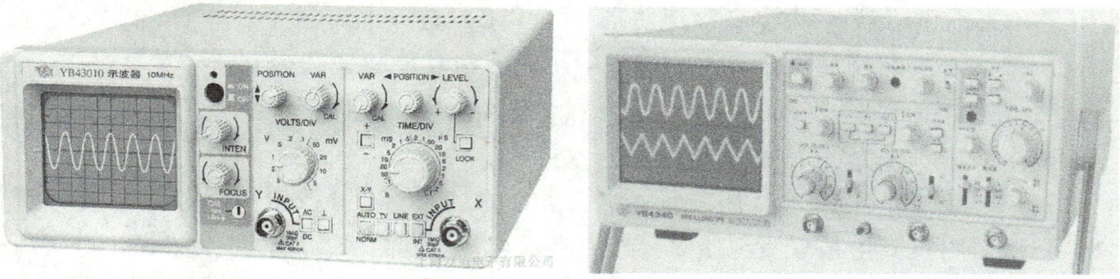

（a）　　（b）

图 5-1　模拟示波器

数字示波器在模拟示波器的基础上不断发展，是数据采集、A/D 转换、软件编程等一系列的技术制造出来的高性能示波器。数字示波器一般支持多级菜单，能提供给用户多种选择、多种分析功能。还有一些示波器可以提供存储，实现对波形的保存和处理。图 5-2（a）所示为半台式通用数字示波器，图 5-2（b）所示为手持式通用数字示波器。

特种示波器是指具有特殊用途的示波器，图 5-3（a）所示为手持式汽车专用示波器，图 5-3（b）所示为医用心电图仪。

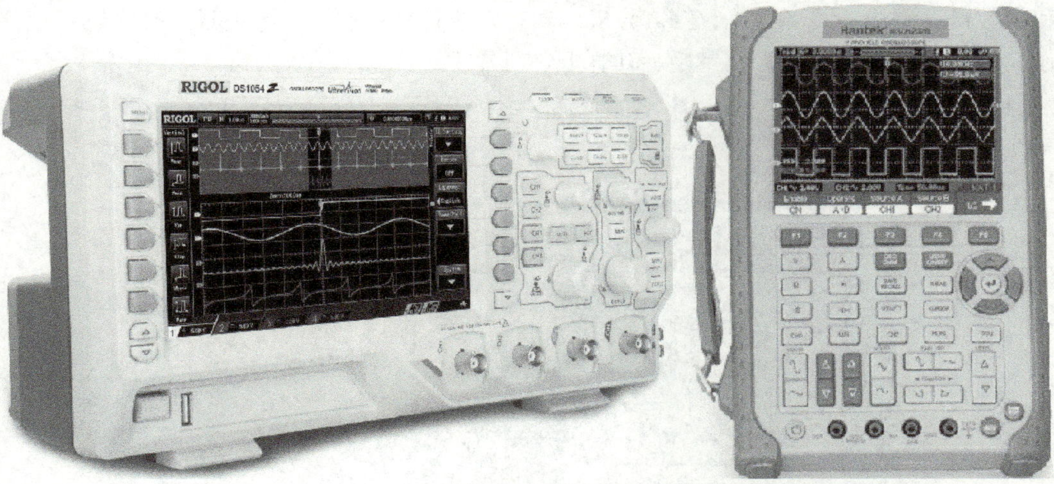

（a）　　　　　　　　　　（b）

图 5-2　数字示波器

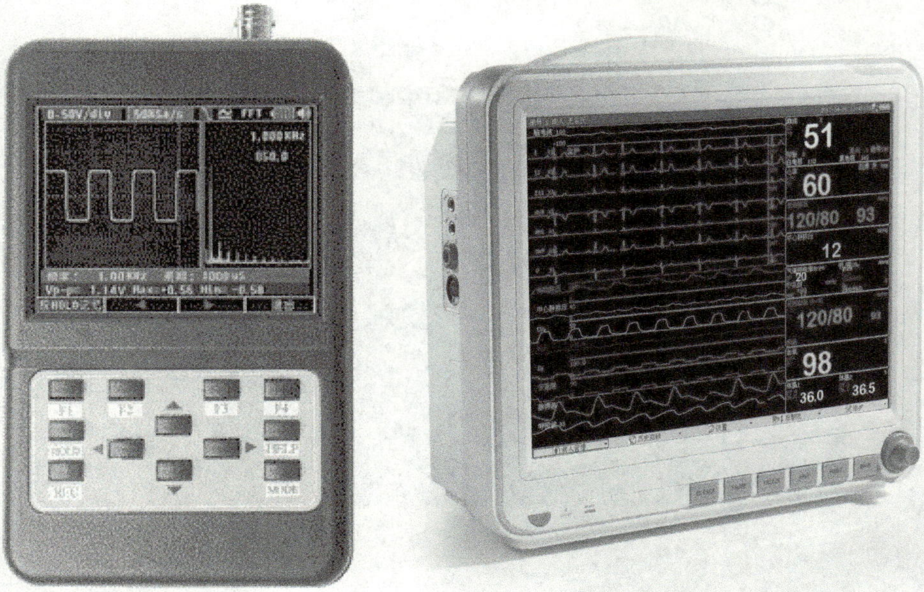

（a）　　　　　　　　　　（b）

图 5-3　特种示波器

一、数字示波器的使用

（一）跟我练一练

示波器的种类、型号很多，本任务以绿扬 LDS20000 系列为例学习数字示波器的使用方法。

1. 数字示波器面板功能按钮的使用

LDS22010 示波器是一种新型手提式高性能的数字存储示波器。仪器具有数据存储、光标和参数自动测量、波形运算、FFT 分析等功能，备有 RS232、2 个 USB、RJ45 网口，仪器操作简便、直观、体积小、重量轻、功耗低、可靠性高。

（1）示波器面板如图 5-4 和图 5-5 所示

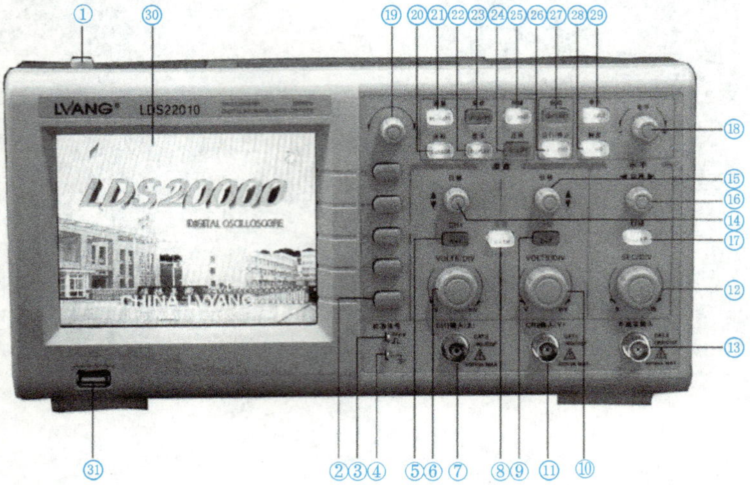

图 5-4　示波器前面板

图 5-5　示波器后面板

（2）示波器各按钮操作功能

① 电源开关（POWER），按入状态接通电源，弹出状态切断电源。

② 菜单键，SUB1～SUB5 共 5 个灰色按键，对应显示屏右侧 5 个菜单显示区域，按动菜单键可以设置当前显示区域菜单的不同选项。

③ 校准信号，可选择输出 $0.5V_{P\text{-}P}$1kHz、10kHz、100kHz 方波，用于校正探头方波和检测垂直通道的偏转系数。

④ GND，整机接地端子。

⑤ CH1 功能键，该键用来打开或关闭 CH1 通道及菜单。

⑥ CH1 通道垂直偏转系统，调节衰减挡位系数，按下该键设置 CH1 通道的垂直挡位调

节为粗调或微调。

⑦ CH1 通道信号输入插座，CH1 通道的信号接入端口，X-Y 工作方式时，作为 X 轴信号输入端。

⑧ 运算 MATH 功能键，按下该键打开或关闭运算功能及菜单。

⑨ CH2 功能键，该键用来打开或关闭 CH2 通道及菜单。

⑩ CH2 通道垂直偏转系统，调节衰减挡位系数，按下该键设置 CH2 通道的垂直挡位调节为粗调或微调。

⑪ CH2 通道信号输入插座，CH2 通道的信号接入端口，X-Y 工作方式时，作为 Y 轴信号输入端。

⑫ 扫描时基开关，根据需要选择适当的扫描时间挡级。

⑬ 外触发输入端，外接同步信号的输入插座。

⑭ CH1 垂直位移旋钮，调节 CH1 波形垂直位移，顺时针方向旋转，辉线上移，逆时针方向旋转，辉线下移。按下该键使 CH1 通道波形的垂直显示位置迅速回到屏幕中心点。

⑮ CH2 垂直位移旋钮，调节 CH2 波形垂直位移，顺时针方向旋转，辉线上移；逆时针方向旋转，辉线下移。按下该键使 CH2 通道波形的垂直显示位置迅速回到屏幕中心点。

⑯ 水平位移旋钮，改变显示波形水平方向的位置，按下该键将使触发位移或延迟扫描位移恢复到水平零点处。

⑰ 扫描功能键（SWEEP），按下该键打开扫描菜单。

⑱ 触发电平调整旋钮（LEVEL），根据触发电平决定扫描开始的位置。

⑲ 公共旋钮，按下该键可设置选项或关闭弹出菜单。

⑳ 光标测量功能键，光标模式允许用户通过移动光标进行测量，可选择手动、追踪和自动测量。

㉑ 自动测量功能键（MEASURE），测量功能可以对 CH1 和 CH2 通道波形进行自动测量。

㉒ 显示功能键，可以设置示波器的显示信息。

㉓ 采样功能键，设置采样方式为实时或等效采样。

㉔ 应用功能键，应用菜单可以选择示波器的语言种类，设置通过测试和波形记录功能，系统维护，自校功能以及设置时间、日期等。

㉕ 存储功能键，可以将当前的设置文件保存到仪器的内部存储区或 USB 存储设备上。

㉖ 运行/停止功能键，按下该键使波形采样在运行和停止之间切换。

㉗ 自动功能键，自动设定仪器各项控制值，以产生适宜观察的波形显示。

㉘ 触发功能键，可以设置触发方式、触发源、触发条件、触发释抑时间等参数。

㉙ 单次功能键，按下该键在符合触发条件下进行一次触发，然后停止运行。

㉚ LCD 显示屏，显示各种信息。

㉛ USB 接口，在该菜单中可以对 USB 存储设备进行操作整理。

㉜ 电源插座，电源输入端。

㉝ RJ45 网口（选配），可以利用 RJ45 网口进行信息处理。

㉞ RS232，可以利用 RS232 进行信息处理。

㉟ 通过/失败输出端口，输出通过/失败脉冲波形（光耦隔离功能）。

（3）示波器显示界面如图 5-6 所示，各部分的含义如下。

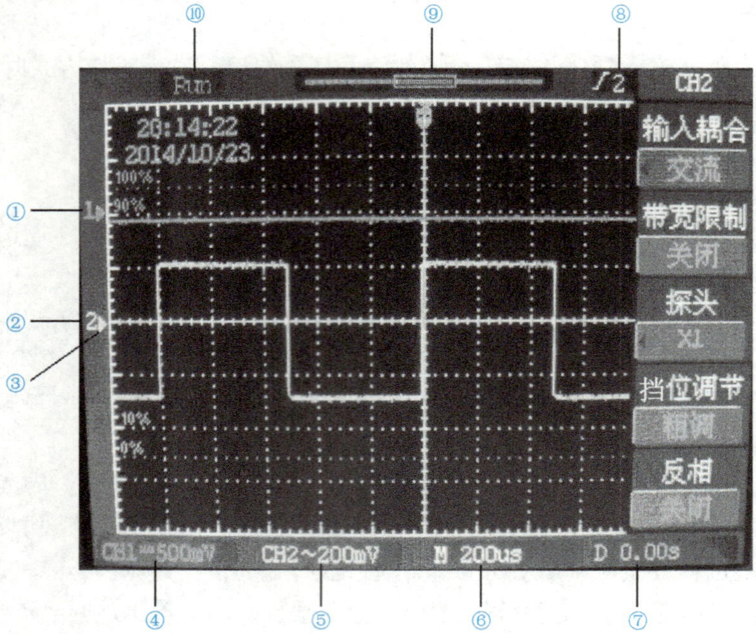

图 5-6　示波器显示界面

① CH1 标志。
② CH2 标志。
③ 触发位置指示。
④ CH1 耦合及垂直挡位状态。
⑤ CH2 耦合及垂直挡位状态。
⑥ 水平时基挡位状态。
⑦ 触发位移显示。
⑧ 触发状态指示。
⑨ 当前显示波形窗口在内存中的位置。
⑩ 运行/停止状态显示。

2. 波形的测量

◆ 常用功能按钮的操作

（1）功能检查

目　的	做一次快速功能检查，以核实本仪器运行是否正常
练习步骤	1. 接通电源，仪器执行所有自检项目，并确认通过自检； 2. 按存储“STORAGE”按钮，用菜单操作键从顶部菜单框中选择存储类型，然后调出出厂设置菜单框； 3. 接入校准信号到通道 1（CH1），将输入探头和接地夹接到探头补偿器的连接器上，按 AUTO（自动设置）按钮，几秒钟内，可见到方波显示（1kHz，约 0.5V，峰峰值）； 4. 示波器设置探头衰减系数，此衰减系数改变仪器的垂直挡位比例，从而使得测量结果正确反映被测信号的电平（默认的探头菜单系数设定值为 10×），设置方法如下：按 CH1 功能键显示通道 1 的操作菜单，设置“探头”菜单操作键，选择与使用的探头同比例的衰减系数； 5. 以同样的方法检查通道 2（CH2）
提　示	示波器一开机，调出出厂设置，可以恢复正常运行，实验室使用开路电缆，探头衰减系数应设为 1X

（2）波形显示的自动设置

目　　的	学习、掌握使用自动设置的方法
练习步骤	1．将被测信号（或校准信号）连接到信号输入通道； 2．按下 AUTO 按钮； 3．示波器将自动设置垂直、水平和触发控制
提　　示	应用自动设置要求被测信号的频率大于或等于 50Hz，占空比大于 1%

（3）垂直系统的练习

目　　的	利用示波器自带校正信号，了解垂直控制区（VERTICAL）的按键旋钮对信号的作用
练习步骤	1．将“CH1”或“CH2”的输入连线接到探头补偿器的连接器上； 2．按下 AUTO 按钮，波形清晰显示于屏幕上； 3．转动垂直位移（POSITION）旋钮，只是通道的标识跟随波形上下移动； 4．转动 VOLTS/DIV 旋钮，可以发现状态栏对应通道的挡位显示发生了相应的变化，按下 VOLTS/DIV 旋钮，可设置输入通道的粗调/细调状态； 5．按下 CH1、CH2、MATH 旋钮，屏幕显示对应通道的操作菜单、标志、波形和挡位状态信息
提　　示	面板上多功能旋钮以及所有功能性按键连续按两次以上都可以隐藏和显示屏幕右侧的主菜单

（4）CH1、CH2 通道设置

目　　的	学习、掌握示波器的通道设置方法，搞清通道耦合对信号显示的影响
练习步骤	1．在 CH1 通道接入一含有直流偏置的正弦信号，关闭 CH2 通道； 2．按 CH1 功能键，系统显示 CH1 通道的操作菜单； 3．按耦合→交流，设置为交流耦合方式，被测信号含有的直流分量被阻隔，波形显示在屏幕中央，波形以零线标记上下对称，屏幕左下方出现“CH1～”交流耦合状态标志； 4．按耦合→直流，设置为直流耦合方式，被测信号含有的直流分量和交流分量都可以通过，波形显示偏离屏幕中央，波形不以零线为标记上下对称，屏幕左下方出现直流耦合状态标志“CH1—”； 5．按耦合→接地，设置为接地方式，被测信号都被阻隔，波形显示为一零直线，左下方出现接地耦合状态标志“CH1⏚”
提　　示	每次按 AUTO 按钮，系统默认交流耦合方式，CH2 的设置同样如此； 交流耦合方式方便用更高的灵敏度显示信号的交流分量，常用于观测模电的信号； 直流耦合方式可以通过观察波形与信号地之间的差距来快速测量信号的直流分量，常用于观察数电波形

（5）通道带宽限制的设置

目　　的	学习、掌握通道带宽限制的设置方法
练习步骤	1．在 CH1 通道接入正弦信号，f=1kHz，幅度为几毫伏； 2．按 CH1→带宽限制→关闭，设置带宽限制为关闭状态，被测信号含有的高频干扰信号可以通过，波形显示不清晰，比较粗； 3．按 CH1→带宽限制→打开，设置带宽限制为打开状态，被测信号含有的大于 20MHz 的高频信号被阻隔，波形显示变得相对清晰，屏幕左下方出现带宽限制标记“B”
提　　示	连续按动“带宽限制”对应的菜单操作键，可以选择“关闭”或者“打开”带宽限制； 当被测信号是一个含有高频振荡的脉冲信号时，设置带宽限制为关闭状态，则被测信号含有的高频分量正常通过；设置带宽限制为打开状态，则被测信号含有的高频成分被阻止

（6）探头衰减系数的设置

目　的	学习、掌握探头衰减系数的设置
练习步骤	1. 在 CH1 通道接入校正信号； 2. 按探头改变探头衰减系数分别为 1×、10×、100×，观察波形幅度的变化
提　示	探头衰减系数的变化，带来屏幕左下方垂直挡位的变化，100×表示观察的信号扩大了 100 倍，依此类推。这一项设置与输入电缆探头的衰减比例设定要求一致，如探头衰减比例为 10：1，则这里应设成 10×，以避免显示的挡位信息和测量的数据发生错误，示波器用开路电缆接入信号，则设为 1×

（7）挡位调节的设置

目　的	学习、掌握挡位调节的设置方法
练习步骤	1. 在 CH1 通道接入校正信号； 2. 改变挡位调节为粗调； 3. 调节垂直 SCALE 旋钮，观察波形变化情况，粗调是以 1—2—5 方式步进确定； 4. 垂直挡位灵敏度； 5. 改变挡位调节为细调； 6. 调节垂直 SCALE 旋钮，观察波形变化情况。细调是指在当前垂直挡位范围内进一步调整。如果输入的波形幅度在当前挡位略大于满刻度，而应用下一挡位波形显示幅度又稍低，可以应用细调改善波形显示幅度，以利于信号细节的观察
提　示	切换细调/粗调，不但可以通过此菜单操作，更可以通过按下垂直 SCALE 旋钮作为设置输入通道的粗调/细调状态的快捷键

（8）波形反相的设置

目　的	学习、掌握波形反相的设置方法
练习步骤	1. CH1、CH2 通道都接入校正信号，并稳定显示于屏幕中； 2. 按 CH1、CH2 反相→关闭（默认值），比较两波形，应为同相； 3. 按 CH1 或 CH2 中的一个，反相→打开，比较两波形相位相差 180°
提　示	波形反相是指显示的信号相对地电位翻转 180°，其实质未变，在观察两个信号的相位关系时，要注意这个设置，两通道应选择一致

（9）水平系统的练习

目　的	学习、掌握水平控制区（HORIZIONTAL）按键、旋钮的使用方法
练习步骤	1. 在 CH1 通道接入校正信号； 2. 旋转水平 SCALE 旋钮，改变挡位设置，观察屏幕右下方“Time——”的信息变化； 3. 使用水平位移旋钮调整信号在波形窗口的水平位置； 4. 按扫描（SWEEP）按钮，显示 TIME 菜单，在此菜单下，可以开启/关闭延迟扫描或切换 Y-T、X-Y 显示模式，还可以设置显示方式
提　示	水平位移旋钮：调整通道波形的水平位置，按下此旋钮作为使触发水平位置立即回到延迟参考点的快捷键。设定水平位移范围≥20 格，扫描长度>15 格； SEC/DIV 旋钮： 调整主时基或延迟扫描时基，当延迟扫描被打开时，将通过改变该旋钮改变延迟扫描时基。按下 SEC/DIV 旋钮可作为延迟扫描打开或关闭的快捷键； 在交替触发状态下，延迟扫描不能打开，此时按下 SEC/DIV 旋钮可以激活通道 CH1 或通道 CH2 的水平控制选择

（10）触发系统的练习

目　　的	学习、掌握触发控制区一个旋钮、三个按键的功能
练习步骤	1. 在 CH1 通道接入校正信号； 2. 使用电平旋钮改变触发电平设置； 3. 使用电平旋钮，屏幕上出现一条黄色的触发线以及触发标志 T，随旋钮转动而上下移动，停止转动旋钮，此触发线和触发标志会在几秒后消失，在移动触发线的同时可观察到屏幕上触发电平的数值或百分比显示发生了变化，要波形稳定显示一定要使触发线在信号波形范围内； 4. 使用 TRIG 跳出触发操作菜单，改变触发的设置，一般使用如下设置： “触发模式”为边沿触发； “信源选择”为 CH1； “边沿类型”为上升沿； “触发方式”为自动； “耦合”为直流
提　　示	改变“触发模式”、“信源选择”、“边沿类型”的设置，会导致屏幕右上角状态栏的变化。 触发可从多种信源得到：输入通道（CH1、CH2）、外部触发（EXT）、ACline（市电）、交替。最常用的触发信源是输入通道，当 CH1、CH2 都有信号输入时，被选中作为触发信源的通道，无论其输入是否被显示都能正常工作。但当只有一路输入时，则要选择有信号输入的那一路，否则波形难以稳定。 外部触发可用于在两个通道上采集数据的同时，在 EXT TRIG 通道上外接触发信号。 ACline 可用于显示信号与动力电之间的关系，示波器采用交流电源（50Hz）作为触发源，触发电平设定为 0V，不可调节

（11）触发菜单中“触发方式”功能设置

目　　的	学习触发菜单中“触发方式”的三种功能
练习步骤	1. 在 CH1 通道接入校正信号； 2. 按“触发方式”为自动。这种触发方式使得示波器即使在没有检测到触发条件的情况下也能采样波形，示波器强制触发显示有波形，但可能不稳定； 3. 按“触发方式”为普通。在普通触发方式下，只有当触发条件满足时，才能采样到波形，在没有触发时，示波器将显示原有波形而等待触发； 4. 按“触发方式”为电平锁定。设置当检测到一次触发时采样一个波形，然后停止
提　　示	在自动触发时，当强制进行无效触发时，示波器虽然显示波形，但不能使波形同步，显示的波形将不稳定，当有效触发发生时，显示器上的波形才稳定

（12）采样系统的设置

目　　的	学习和掌握采样系统的正确使用
练习步骤	1. 在 CH1 通道，接入几毫伏的正弦信号； 2. 在 MENU 控制区，按采样设置钮 ACQUIRE； 3. 采样方式包括实时采样和等效采样； 4. 实时采样方式在每一次采样采集满内存空间。本示波器系列最高实时采样率可做到 1GSa/s，在 10ns 或更快的设置下，示波器自动进行插值算法，即在采样点之间插入光点； 5. 等效采样即重复采样。等效采样方式有利于细致观察重复的周期性信号，使用等效采样方式可得到比实时采样高得多的水平分辨率，即等效 50GSa/s； 6. 在弹出的菜单中，选“存储深度”为普通，则观察到的波形显示含噪声

续表

提　示	观察单次信号选用实时采样方式，观察高频周期信号选用等效采样方式，希望观察信号的包络选用峰值检测方式，期望减少所显示信号的随机噪声，选用平均采样方式，观察低频信号，选择滚动模式，希望避免波形混淆，打开混淆抑制

（13）显示系统的设置

目　的	学习、掌握数字式示波器显示系统的设置方法
练习步骤	1. 在 MENU 控制区，按显示系统设置钮 DISPLAY； 2. 通过菜单控制调整显示方式； 3. 显示类型为矢量，则采样点之间通过连线的方式显示，一般情况都采用这种方式； 4. 显示类型为点，则直接显示采样点； 5. 屏幕网格的选择改变屏幕背景的显示； 6. 屏幕对比度的调节改变显示的清晰度

（14）辅助系统功能的设置

目　的	学习、掌握数字式示波器辅助功能的设置方法
练习步骤	1. 在 MENU 控制区，按辅助系统设置钮 UTILITY（应用）； 2. 通过菜单控制调整接口设置、声音、语言等； 3. 进行自校正、自测试、波形录制等

（15）迅速显示一未知信号

目　的	学习、掌握数字式示波器的基本操作
练习步骤	1. 将探头菜单衰减系数设定为 1×； 2. 将 CH1 的探头连接到电路被测点； 3. 按下 AUTO（自动设置）按钮； 4. 按 CH2—OFF，MATH—OFF； 5. 示波器将自动设置，使波形显示达到最佳； 6. 在此基础上，可以进一步调节垂直、水平挡位，直至波形显示符合要求
提　示	被测信号连接到某一路进行显示，其他应关闭，否则，会有一些不相关的信号出现

（16）观察幅度较小的正弦信号

目　的	学习、掌握数字式示波器观察小信号的方法
练习步骤	1. 将探头菜单衰减系数设定为 1×； 2. 将 CH1 的探头连接到正弦信号发生器（峰-峰值为几毫伏，频率为几千赫兹）； 3. 按下 AUTO（自动设置）按钮； 4. 按 CH2—OFF，MATH—OFF； 5. 按下信源选择，选相应的信源 CH1； 6. 带宽限制设置为“打开”； 7. 触发菜单中的耦合选高频抑制； 8. 在此基础上，可以进一步调节垂直、水平挡位，直至波形显示符合要求
提　示	观察小信号时，带宽限制为 100M，高频抑制都是减小高频干扰；平均采样取的是多次采样的平均值，次数越多越清楚，但实时性较差

(17) 自动测量信号的电压参数

目　的	学习、掌握信号的电压参数的测量方法
练习步骤	1. 在通道1接入校正信号； 2. 按下 MEASURE 按钮，以显示自动测量菜单； 3. 按下信源选择，选相应的信源为CH1； 4. 按下电压测量，选择测量类型； 5. 在电压测量类型下，可以进行峰峰值、最大值、最小值、平均值、幅度、顶端值、底端值、均方根值、过冲值、预冲值的自动测量
提　示	电压测量分三页，屏幕下方最多可同时显示三个数据，当显示已满时，新的测量结果会导致原显示左移，从而将原屏幕最左的数据挤出屏幕之外。 按下相应的测量参数，在屏幕的下方就会有显示。 信源选择指设置被测信号的输入通道

(18) 自动测量信号的时间参数

目　的	学习、掌握示波器的时间参数的测量方法
练习步骤	1. 在通道1接入校正信号； 2. 按下 MEASURE 按钮，以显示自动测量菜单； 3. 按下信源选择，选相应的信源 CH1； 4. 按下时间测量，选择测量类型； 5. 在时间测量类型下，可以进行频率、时间、上升时间、下降时间、正脉宽、负脉宽、正占空比、负占空比、延迟1—2上升沿、延迟1—2下降沿的测量
提　示	时间测量分三页，按下相应的测量参数，在屏幕的下方就会有该显示，延迟 1—2 上升沿是指测量信号在上升沿处的延迟时间，同样，延迟 1—2 下降沿是指测量信号在下降沿处的延迟时间。若显示的数据为“*****”，表明在当前的设置下此参数不可测，或显示的信号超出屏幕之外，需手动调整垂直或水平挡位，直到波形显示符合要求

(19) 获得全部测量数值

目　的	学习、掌握用示波器获得全部测量数值的方法
练习步骤	1. 在通道1接入校正信号； 2. 按下 MEASURE 按钮，以显示自动测量菜单； 3. 按全部测量操作键，设置全部测量状态为“打开”； 4. 19种测量参数值显示于屏幕中央
提　示	测量结果在屏幕上的显示会因为被测信号的变化而改变。此功能有些型号的示波器不具备

(20) 观察两种不同频率信号

目　的	学习、掌握示波器双踪显示的方法
练习步骤	1. 设置探头和示波器通道的探头衰减系数为相同； 2. 将示波器通道 CH1、CH2 分别与两信号相连； 3. 按下 AUTO 按钮； 4. 调整水平、垂直挡位直至波形显示满足测试要求； 5. 按 CH1 按钮，选通道 1，旋转垂直（VERTICAL）区域的垂直位移（POSITION）旋钮，调整通道 1 波形的垂直位置； 6. 按 CH2 按钮，选通道 2，调整通道 2 波形的垂直位置，使通道 1、2 的波形既不重叠在一起，又利于观察比较
提　示	双踪显示时，可采用单次触发，得到稳定的波形，触发源选择长周期信号，或幅度稍大、信号稳定的那一路

（21）用光标手动测量信号的电压参数

目　的	学习、掌握用光标测量信号垂直方向参数的方法
练习步骤	1. 接入被测信号，并稳定显示； 2. 按 CURSOR 选光标模式为手动； 3. 根据被测信号接入的通道选择相应的信源； 4. 选择光标类型为电压； 5. 移动光标可以调整光标间的增量； 6. 屏幕显示光标 A、B 的电位值及光标 A、B 间的电压值
提　示	电压光标是指定位在待测电压参数波形某一位置的两条水平光线，用来测量垂直方向上的参数，示波器显示每一光标相对于接地的数据，以及两光标间的电压值； 旋转垂直位移（POSITION）钮，使光标 1 上下移动； 旋转水平位移（POSITION）钮，使光标 T 左右移动

（22）用光标手动测量信号的时间参数

目　的	学习、掌握用光标测量信号水平方向参数的方法
练习步骤	1. 接入被测信号并稳定显示； 2. 按 CURSOR 选光标模式为手动； 3. 根据被测信号接入的通道选择相应的信源； 4. 选择光标类型为时间； 5. 移动光标可以改变光标间的增量； 6. 屏幕显示一组光标 A、B 的时间值及光标 A、B 间的时间值
提　示	时间光标是指定位在待测时间参数波形某一位置的两条垂直光线，用来测量水平方向上的参数，示波器根据屏幕水平中心点和这两条直线之间的时间值来显示每个光标的值，以秒为单位； 旋转垂直位移（POSITION）钮，使光标 1 上下移动； 旋转水平位移（POSITION）钮，使光标 T 左右移动

（23）用光标追踪测量信号的参数

目　的	学习、掌握光标追踪测量方式的作用
练习步骤	1. 接入被测信号并稳定显示； 2. 按 CURSOR 选光标模式为追踪； 3. 根据被测信号接入的通道选择相应的信源； 4. 移动光标可以改变十字光线的水平位置； 5. 屏幕上显示定位点的水平、垂直光标和两光标间水平、垂直的增量
提　示	光标追踪测量方式是在被测信号波形上显示十字光标，通过移动光标的水平位置光标自动在波形上定位，并显示相应的坐标值，水平坐标以时间值显示，垂直坐标以电压值显示，电压以通道接地点为基准，时间以屏幕水平中心位置为基准； 旋转垂直位移（POSITION）钮，使光标 1 上下移动； 旋转水平位移（POSITION）钮，使光标 T 水平移动

◆ 直流信号、交流信号的测量

（1）显示、测量直流信号的步骤

① 从直流稳压电源产生 10V 的直流电压；

② 打开电源，按任意键退出自检画面；

③ 在示波器的输入端 CH1 加上信号线，与直流稳压电源相连接（示波器的输入端 CH1

的地线接直流稳压电源地线）；

④ 按下 AUTO 自动设置钮；

⑤ 按下 CH1 菜单，耦合方式选接“地”，调节位置旋钮，将接地线调到适当位置。调整伏/格为 5.00V/DIV，探头设置为 1×，反相关闭；

⑥ 再将耦合方式选“直流”，屏幕上的线将上跳 2 格。

（2）显示、测量交流信号的步骤

① 打开电源，按任意键退出自检画面；

② 示波器的输入端 CH1 加上信号线（示波器的输入端 CH1 的地线接信号地线）

③ 按下 AUTO 自动设置钮；

④ 按下自动设置钮 CH1 菜单，耦合方式选“交流”，调整伏/格为 2.00V/ DIV，探头设置为 1×，反相关闭；

⑤ 按下触发（TRIG）菜单，信源选 CH1；

⑥ 调节触发电平，可使波形稳定下来；

⑦ 按下测量（MEASURE）钮，可测量信号的频率、周期、峰-峰值等，信源选 CH1，类型依次调整为周期、频率、峰-峰值等；

⑧ 按下光标（CURSOR）钮，可用光标测量信号的电压、周期。

（二）仿真练一练

1. 数字示波器面板功能按钮的使用

在仿真软件中，观察电子示波器各端钮的作用。

2. 波形的仿真测量

在仿真软件中，用电子示波器测量稳压电源输出直流信号的幅度和信号发生器输出交流信号的频率、周期、幅度等。

（三）实践量一量

1. 制作放大电路

（1）所需工具：万用表、多功能板、电烙铁、烙铁架、镊子、连接导线、单排针等。

（2）元件、器材明细表。

序　号	名　称	型号规格	数　量	配件图号	测试结果
1	金属膜电阻器	RJ-0.25-4.7kΩ	2	R_1、R_5	
2	金属膜电阻器	RJ-0.25-10kΩ	1	R_2	
3	金属膜电阻器	RJ-0.25-2.2kΩ	2	R_3、R_6	
4	金属膜电阻器	RJ-0.25-6.8kΩ	1	R_4	
5	电解电容	CD-16V-100μF	3	C_1、C_2、C_3	
6	三极管	9013	1	VT	
7	印制电路板	配套	1		
8	焊锡、松香				

（3）放大电路的原理图如图 5-7 所示，装配图如图 5-8 所示，按电路原理图进行装配。

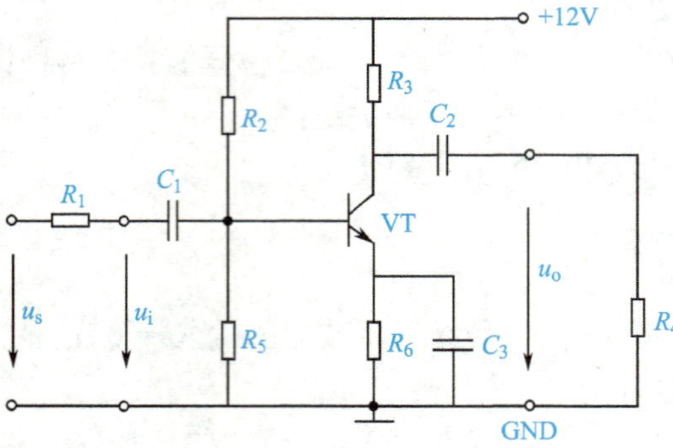

图 5-7　放大电路原理图

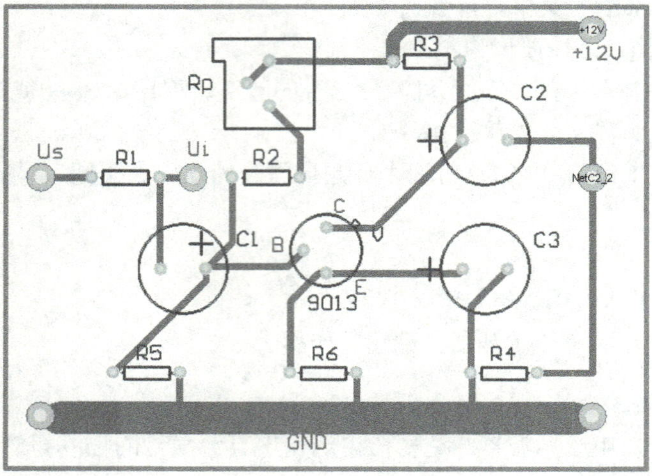

图 5-8　放大电路装配图

2. 用数字示波器观察放大波形、记录参数

输入 1kHz、100mV 的正弦信号 u_s，用示波器观察输出信号 u_o 波形，在测试记录对应栏画出波形，在下表中填入相关数据。

波　形	波形峰峰值	波形的最高电平
	波形的最低电平	示波器 Y 轴量程挡位

二、数字示波器的结构与原理

（一）自主学一学

1. 数字示波器的结构框图

典型的数字存储示波器原理与工作原理框图如图 5-9 所示。数字示波器一般都有实时和存储两种工作模式。当处于实时工作模式时，其电路组成原理与普通模拟示波器一样。当处于存储工作模式时，它的工作过程一般分为存储和显示两个阶段。

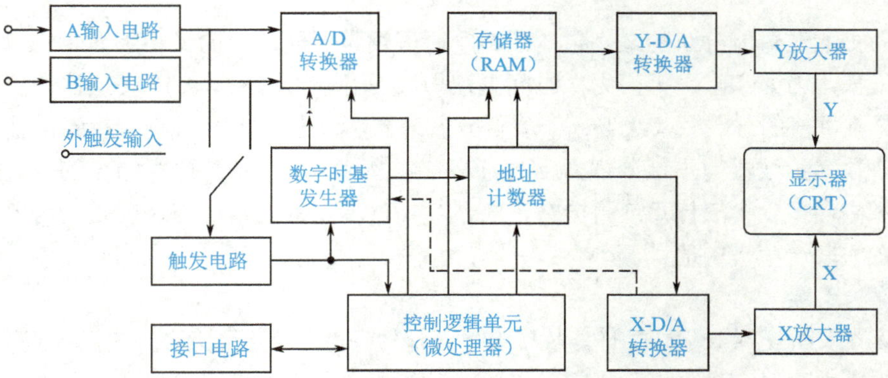

图 5-9　数字示波器的结构框图

在存储工作阶段，模拟输入信号先经过适当的放大或衰减，然后再经过“取样”和“量化”两个过程的数字化处理，将模拟信号转换成数字化信号；最后，数字化信号在逻辑控制电路的控制下依次写入到 RAM 中。上述取样获得模拟输入信号的离散值，而量化则使每个取样的离散值经 A/D 转换器转换成二进制数字，且取样、量化及写入过程都是在同一频率下进行的。

在显示工作阶段，将数字信号从存储器中读出，并经 Y-D/A 转换器转换成模拟信号，经垂直放大器放大后加到 CRT 的 Y 偏转板。与此同时，CPU 的读地址计数脉冲加至 X-D/A 转换器，经转换后得到一个扫描阶梯波电压，加到水平放大器放大，驱动 CRT 的 X 偏转板，从而实现在 CRT 上以稠密的光点包络重现模拟输入信号。

现在的许多数字示波器已不再使用阴极射线示波管作为显示器件，取而代之的是液晶显示器（LCD）。使用液晶显示器显示波形时不需要将存储的数字信号再转换成模拟信号，而是将存储器中的波形数据和读地址信号送入 LCD 驱动器，驱动 LCD 显示波形。

数字存储示波器的主要特点：① 波形处理，其内部的微处理器能够在所获得的波形上完成各种类型的处理；② 数据存储，带有存储器，波形可存于内存、硬盘等，也能与绘图仪和打印机相连来进行硬拷贝等；③ 具有毛刺、间隔、TV、漏失、预触发等先进的触发功能；④ 具有信号处理功能；⑤ 具有菜单选择、通道状态和测量结果的全屏幕注释功能，读数准确；⑥ 具有进行快速测量的自动设置功能（AUTO）。

2. 数字示波器的主要技术参数

（1）最高取样速度

最高取样速度指单位时间内取样的次数，也称数字化速度，用每秒钟完成的 A/D 转换的最高次数来衡量，常以频率来表示。取样速度越高，反映仪器捕捉信号的能力越强。取样速度主要由 A/D 转换速度来决定。现代数字存储示波器的最高取样速度可达 50GSa/s。

（2）存储带宽

数字存储示波器的存储带宽由 A/D 转换器的最高速度决定。存储带宽主要反映在最大数字化速度（取样速度）时还要能分辨多位数（精确度要求）。最大存储带宽由取样定理确定。对于没有谐波分量的纯正弦波输入信号，如果取样速度大于或等于信号频率的两倍，即可重现原信号，并提供相位、频率、幅度等参数。此时，每周期只有两个点。通常，信号都有谐波分量的，一般取最高取样速度除以 25 作为有效的存储带宽。

（3）分辨力

分辨力指示波器能分辨的最小电压或最小时间增量，即量化的最小单元。它包括垂直分辨力（电压分辨力）和水平分辨力（时间分辨力）。垂直分辨力与 A/D 转换器的分辨力相对应，常以屏幕每格的分级数（级/DIV）或百分数来表示。也可以用 A/D 转换器的输出位数来表示。目前数字示波器的垂直分辨力已达 12～14 位。水平分辨力由存储器的容量来决定，常以屏幕每格含多少个取样点或百分数来表示。A/D 转换器的精度与速度是一对矛盾，一般在这两者之间取一个折中值。

（4）存储容量

存储容量又称记录长度。存储容量与水平分辨力在数值上互为倒数。它以采集存储器（主存储器）的最大存储容量来表示，常以字（Word）为单位。数字存储器常采用 256B、512B、1KB、4KB 等容量的高速半导体存储器。新型的数字存储示波器采用快速响应深存储技术，存储深度可达 2MB 以上。

（5）读出速度

读出速度是指将数据从存储器中读出的速度，常用（时间）t/DIV 来表示。其中，时间以屏幕中每格内对应的存储容量×读脉冲周期。使用中应根据显示器、记录装置或打印机等对速度的要求进行选择。

3. 数字示波器的使用注意事项

（1）安全检查及注意事项

◆ 请确认交流电源电压，应符合 AC 100～240V，40～400Hz。

◆ 用户电源插座应具有安全保护接地端。

◆ 工作温度 0℃～+40℃，工作湿度（20～90）%RH。

◆ 不要测量超过额定范围输入电压

INPUT 直接输入 400V(DC+AC_{peak})≤1kHz

使用×10 探极 400V(DC+AC_{peak})≤1kHz

◆ 仪器受干扰或操作不当可能会出现死机或扫描异常等现象，请关闭 3 秒后重新开启电源。

◆ 仪器通电预热 15 分钟后，系统重新进行时基自动校正，可获得更高测量精度。

（2）使用探头注意事项

为了保障高精度地测试高频信号，请使用本机所附带的探头，并将探极设置在 10:1 衰减状态，在使用时请注意以下事项。

◆ 用探头或信号电缆与被测电路连接时，探头或信号电缆的接地端务必与被测电路的地线相连。在悬浮状态下，示波器与其他设备或与地间的电位差可能导致触电或损坏示波器、探头或其他设备。

◆ 不要测量超过 400V(DC+AC_{peak})≤1kHz 的信号。

◆ 测量建立时间短的脉冲信号和高频信号时，请尽量将探头的接地导线接于邻近被测点的位置。接地导线过长，可能会引起振铃或过冲等波形失真。

◆ 为避免接地导线影响对高频信号的测试，建议使用探头的专用接地附件。

◆ 为避免测量误差，请务必在测量前按照下述方法对探头进行检验和校准。

将探头与探头校准用的方波信号输入端子 PROBE ADJUST(0.5V/1kHz)相连，探头的接地导线与接地端子连接。探头的特性为最佳状态时，如图 5-10（a）所示，若出现（b），（c）所示的情况，请用螺丝刀调整探头上的频率补偿微调电容进行校准。

（a）最佳　　（b）容量过小　　（c）容量过大

图 5-10　补偿电容对显示波形的影响

（二）拓展修一修

数字示波器型号比较多，内部结构也大不相同，常见故障有：无显示（整机不工作）、显示花屏、按按钮或拧旋钮时不起作用、调节不连贯或显示数字往回跳等。下面介绍一些常见故障的解决办法。

故障 1：无显示。通常由以下原因引起：保险丝坏、高压输出线连接不可靠、信号线连接不正常、电源板故障、显示器坏。根据不同原因更换元器件或重新连接即可。

故障 2：显示花屏。可由显示电路排线接触不良引起，重新安装牢固或更换即可。

故障 3：按按钮或拧旋钮时不起作用，调节不连贯或显示数字往回跳。主要是由于按钮或旋钮接触不良引起的，需要清洁或清洗按钮电路触点或旋钮内部触点。

故障 4：前面板各旋钮及按钮均不起作用。检查与主板的连接线是否正常或由主板电路引起。

故障 5：启动后自检正常，但 1 通道或 2 通道无法加入信号。这多为输入 BNC 连接头与主板断开，重新焊接即可。

故障 6：不正常，显示 CH1 或 CH2 采集板故障或主板故障等。绿扬数字示波器开机后自动运行自检程序，若显示某项失败，则这部分一般有问题，主要是在主板上，有时电源故障也会引起自检不通过。主板上最常见的故障为 CH1 或 CH2 采集检测故障，因为正常使用时，输入信号由垂直通道输入数字示波器，一旦超出数字示波器容许输入电压，会烧坏主板模拟输入部分及采集电路。输入放大器及数据采集电路均为集成电路，除非特别严重烧坏，芯片一般很少坏，主要检查外围电路元件。

下面，将结合仿真从短路、断路和元器件损坏故障三个方面进行分析，以帮助同学们掌握维修技巧。

1．短路故障的仿真维修

当数字示波器出现三无现象时，应重点检查由于内部短路引起的保险丝烧断。

短路故障的仿真分析

（1）故障分析导图

由于内部短路引起的保险丝烧断，通常是数字示波器内部电源电路故障引起的。若电路中滤波电容、开关三极管击穿，造成内部短路，往往会烧断保险丝，甚至烧坏整流二极管。故障分析导图如图 5-11 所示。

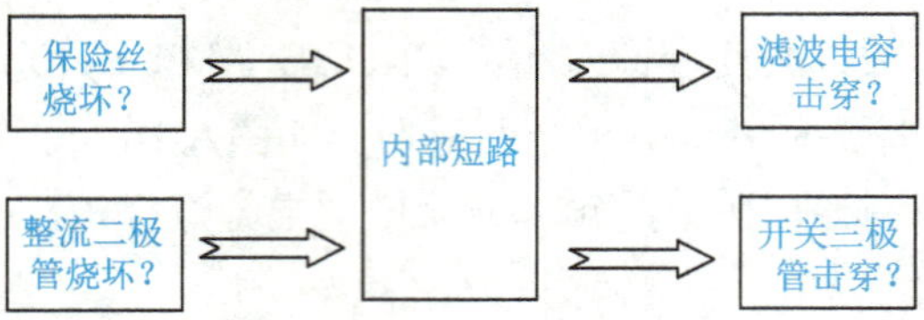

图 5-11　短路故障分析导图

（2）动画显示故障回路

打开仿真软件，进入故障维修模块，选择故障一“电源指示灯不亮、显示器无显示”，单击“显示故障回路”，观察、分析故障可能发生的范围。

（3）动画显示可能的故障元件

单击“可能的故障元件”，观察、分析故障可能的故障元件。

短路故障仿真检修

（1）仿真检测

单击“仿真检修”，用万用表电阻挡测量滤波电容、开关三极管的集电极与发射极、整流二极管、保险丝的电阻，填入下表并与正常值进行比较。

故障一检测记录

元　件	保 险 丝	整流二极管				滤 波 电 容	开 关 管
标号							
正常电阻							
测量值							

（2）判别故障

根据上述测量值，判断故障元件。

（3）排除故障

移去故障元件，从元件库选择同型号元件，安装到电路板相应位置。

（4）检验是否成功

打开电源开关，检查电压表是否正常工作。

2. 断路故障的仿真维修

由于元器件脱焊、电源导线折断、探头电缆内部损坏等原因，往往会造成断路故障，一般情况下，断路故障不会造成周围元器件损坏等连锁反应。

断路故障的仿真分析

（1）故障分析导图

仪器出现断路故障，会导致信号或电源无法传递，故障现象较为明显，如按按钮或拧旋钮时不起作用，有信号输入时无任何反应等故障现象，检修时可根据故障现象判断故障范围。下面以有信号输入时无任何反应为例进行仿真分析与检修，分析导图如图 5-12 所示。

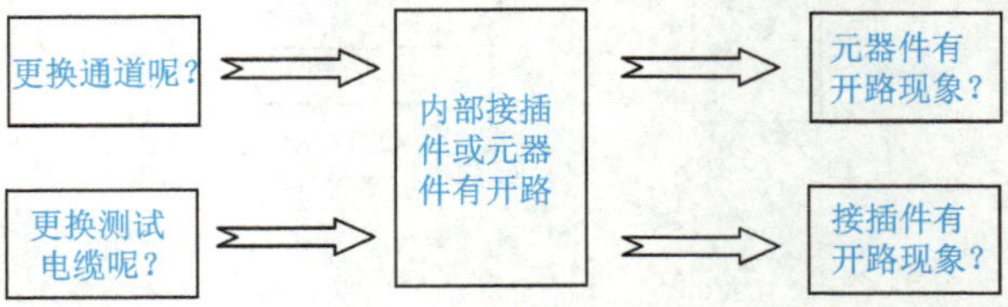

图 5-12　开路故障分析导图

（2）动画显示故障回路

打开仿真软件，进入故障维修模块，选择故障二“有信号输入时无反应”，单击“显示故障回路”，观察、分析故障可能发生的范围。

（3）动画显示可能的故障元件

单击“可能的故障元件”，观察、分析故障可能的故障元件。

断路故障仿真检修

（1）仿真检测

单击“仿真检修”，用万用表电阻挡测量连接电缆两端插针之间的电路是否开路，填入下表并与正常值进行比较。

故障二检测记录

故障现象	故障范围	检测记录

（2）判别故障

根据上述测量值，判断故障元件或故障部位。

（3）排除故障

用电烙铁对开路点进行连接恢复。

（4）检验是否成功

打开电源开关，检验计数器是否正常工作。

3. 元器件损坏故障的仿真维修

（1）故障分析导图

仪器出现元器件损坏故障，故障现象较为多样，如示波器正常使用时，输入信号由垂直通道输入数字示波器，一旦超出数字示波器容许输入电压，会烧坏主板模拟输入部分及采集电路，检修时可根据故障现象判断故障范围。下面进行仿真分析与检修，分析导图如图 5-13 所示。

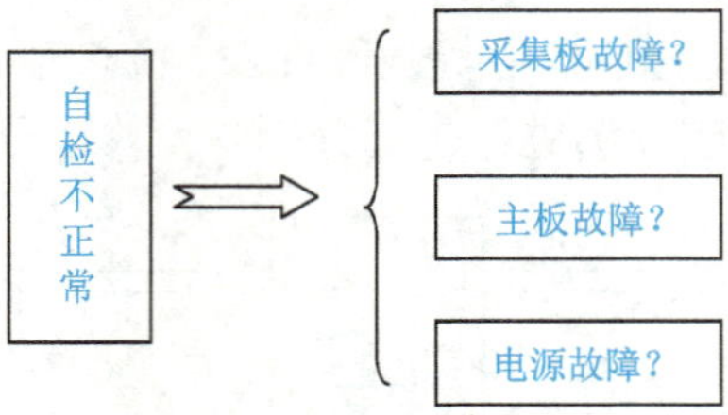

图 5-13　元器件损坏故障分析导图

（2）动画显示故障回路

打开仿真软件，进入故障维修模块，选择故障三“测量误差大”，单击“显示故障回路”，观察、分析故障可能发生的范围。

（3）动画显示可能的故障元件

单击“可能的故障元件”，观察、分析故障可能的故障元件。

元器件损坏故障仿真检修

（1）仿真检测

单击“仿真检修”，用万用表电阻挡测量相应元件是否正常，填入下表并与正常值进行比较。

故障三检测记录

故障现象	故障范围	检测记录

（2）判别故障

根据上述测量值，判断故障元件或故障部位。

（3）排除故障

移去故障元件，从元件库选择同型号元件安装到电路板相应位置。

（4）检验是否成功

打开电源开关，检验计数器是否正常工作。

（三）探究想一想

1．如何使用数字示波器观察波形的上升沿时间？又如何使用模拟示波器观察波形的上升沿时间呢？

2. 探头衰减倍数选择 10∶1 和 1∶1，屏幕上的波形会发生什么变化？

（四）自评考一考

选择题

1. 示波器如果要获得较清晰的波形，可调节（　　）旋钮。
   A. 聚焦　　B. 亮度　　C. 辉度　　D. 扫描时间因数
2. 在使用示波器时，错误的做法为（　　）。
   A. 使用示波器时亮点、辉度要适中，不宜过亮，且光点不应长时间停留在同一点上，以免损坏荧光屏
   B. 用示波器进行测量时，最好将波形的关键部位移至屏幕中心区域观测
   C. 被测信号为几百千赫兹以下的连续信号时，应当使用屏蔽线与示波器连接，以防外界干扰信号的影响
   D. 当被测信号为脉冲或高频信号时，必须用高频同轴电缆与示波器连接
3. 下列双踪示波器的显示方式属于双踪显示的是（　　）。
   A. CH1　　B. CH2　　C. CH1±CH2　　D. 交替显示方式
4. 用双踪示波器观测低频信号时，应采用（　　）扫描。
   A. 连续　　B. 触发　　C. 交替　　D. 断续
5. 用示波器测量正弦波电压幅度时，出现如下图所示波形，应调节（　　）。
   A. X 轴偏转因数旋钮
   B. Y 轴偏转因数旋钮
   C. 扫描速度旋钮
   D. 耦合开关置“AC”位置

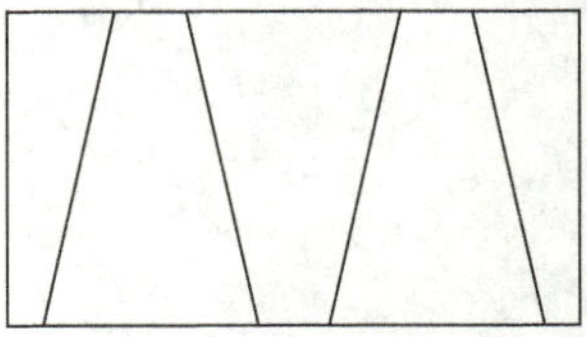

题 5 图

6. 设示波器的 Y 轴偏转因数置于 2V/DIV，被测正弦波信号经 10∶1 探极接入，屏幕显示如下图所示，则被测电压的幅值为（　　）V。

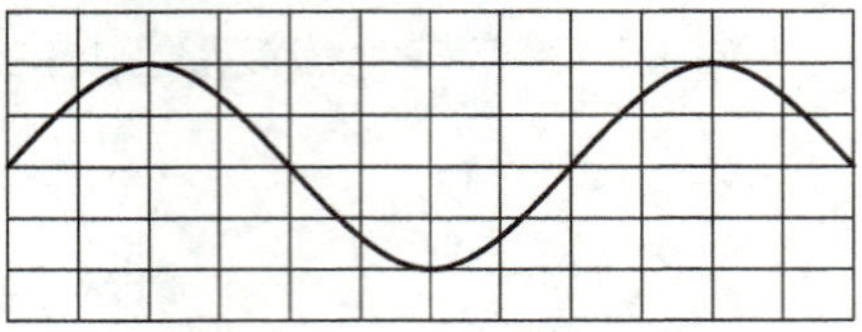

题 6 图

A．4　　B．2　　C．40　　D．20

7．下列垂直偏转因数说法正确的是（　　）。

A．垂直偏转因数的上限表征示波器观察微弱信号的能力

B．垂直偏转因数的下限表征示波器允许输入最大电压的值

C．垂直偏转因数的调整是改变 Y 通道的衰减器的衰减系数实现的

D．垂直偏转因数决定了示波器可观测的最高频率和脉冲的最小宽度

8．下列扫描速度说法正确的是（　　）。

A．扫描速度越快，D_X 的值越大

B．扫描速度越快，表征示波器观测低频的能力越强

C．扫描速度越快，表征示波器观测窄脉冲的能力越强

D．示波器不需要很宽的扫描速度选择

9．示波器的使用，主要有以下环节：①调节光迹的亮度和清晰度；②接入被测信号，进行测量；③接上电源线，开机预热一段时间；④接入校正信号，校正示波器；⑤将垂直微调旋钮和水平微调旋钮顺时针旋足为校准位置。正确的次序应为（　　）。

A．③①④⑤②　　B．③④⑤①②　　C．③①⑤④②　　D．①②③④⑤

10．使用探头 10:1 衰减引入被测信号后，示波器荧光屏显示图形如题 10 图所示，已知垂直偏转因数为 0.2 V/div，扫描速度为 1 ms/div，则下列关于 A、B 点的电位及信号周期的说法中，正确的是（　　）

A．6V、0.2V、6 ms　　B．8V、−0.2V、6 ms

C．6V、−2V、6 ms　　D．8V、−2V、0.6 ms

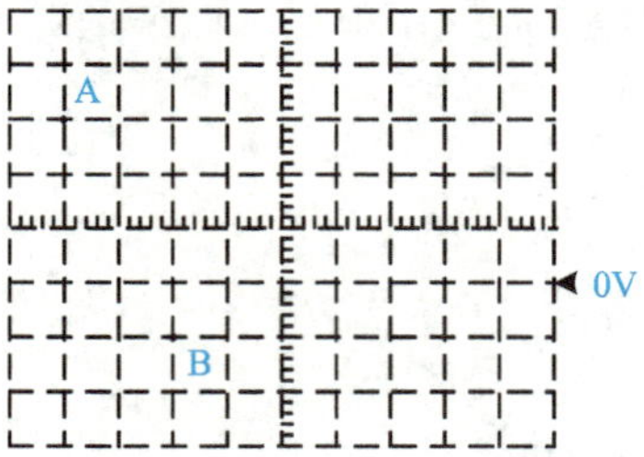

题 10 图

判断题

1．用双踪示波器同时观测两个高频信号时，应采用“交替”显示方式。（　　）

2．光点在示波器的荧光屏一个地方长期停留，该点将受损老化。（　　）

3．用示波器进行电压测量时，一定要将 Y 轴增益“微调”置“校准”位，测量结果才准确。（　　）

4．灵敏度的高低决定了示波器观测微弱信号的能力。（　　）

5. 用示波器测量既有交流又有直流的混合电压时，应将输入耦合开关置于“DC”位置。（ ）

6. 用示波器测量信号频率时，为方便读取周期，通常需将“X 轴增益（time/div）”微调旋钮调节到中间位置左右。（ ）

7. 示波器的聚焦方式宜采用扫描线聚焦，不要用亮点聚焦，以避免光点长时间停留而损坏荧光屏。（ ）

8. 测量两个脉冲信号的时间差时，当脉冲宽度很窄时宜采用“断续”显示。（ ）

9. Y 灵敏度的最大值反映示波器观测最大输入信号电压峰值的能力。（ ）

10. CH1±CH2 显示方式是双踪示波器的单踪显示的一种。（ ）

三、单元测评

选择题

1. 用通用示波器观测正弦波形，已知示波器良好，测试电路正常，但在荧光屏上却出现了上半部分削顶的波形，应调整示波器（ ）旋钮或开关才能正常观测。

A. 偏转灵敏度粗调　　B. Y 位移
C. 扫描速度粗调　　D. X 位移

2. 示波器中，为使光点在水平方向作恒速运动，必须在示波管的水平偏转极板上加随线性变化的（ ）。

A. 周期性电压　B. 锯齿波电压　C. 正弦波电压　D. 三角波电压

3. 关于扫描时间因数，以下说法正确的是（ ）。

A. 决定了在垂直方向对信号展示的能力
B. 决定了在水平方向对信号展示的能力
C. 扫描时间因数越高，对观察低频信号越有利
D. 扫描时间因数的单位是 V/s

4. 电子示波器在采用“交替”显示时，一定要采用相位（ ）的信号作固定的内触发源。

A. 超前　B. 滞后　C. 相同　D. 任意

5. 通用示波器是（ ）。

A. 低频示波器　B. 取样示波器　C. 专用示波器　D. 多线示波器
E. 当被测信号为脉冲或高频信号时，必须用高频同轴电缆与示波器连接

6. 某示波器 X 方向最小偏转因数为 0.02μs/div，其屏幕 X 方向可用宽度为 10 格，如果要观察两个完整周期波形，问示波器最高工作频率是（ ）。

A. 100MHz　B. 10MHz　C. 5MHz　D. 2.5MHz

7. 用双踪示波器观测 R_0' 的两路正弦波信号，应采用（ ）扫描。

A. 连续　B. 触发　C. 交替　D. 断续

8. 用示波器测量某信号源输出正弦波的周期和幅度，显示波形如题 8 图所示。为了使读数更准确，应调节的是（ ）。

A. 垂直移位旋钮　B. 水平移位旋钮　C. 水平扫速开关　D. 垂直衰减开关

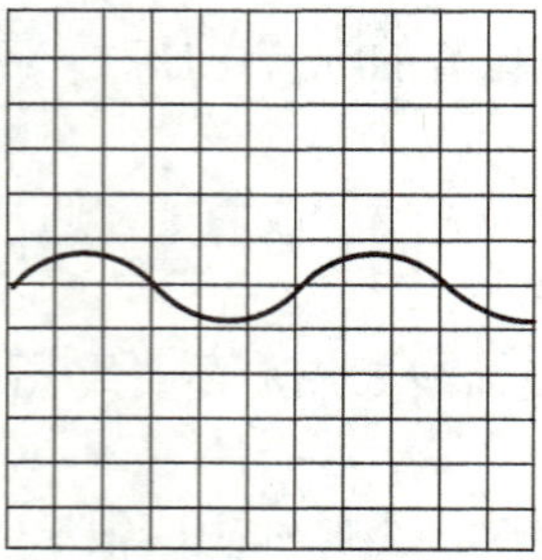

题 8 图

9．关于偏转因数，时基因数的正确说法是（　　）。

A．偏转因数范围宽，被测电压范围就窄

B．偏转因数范围宽，被测频率范围就宽

C．时基因数范围宽，被测电压范围就宽

D．时基因数范围宽，被测频率范围就宽

10．示波器上显示的两个正弦信号的波形如题 10 图所示，已知时基因数“t/div”开关置于 10ms/div 挡，水平扩展倍率 k=10，Y 轴偏转因数“V/div”开关置于 10mV/div 挡，则信号的周期及两者的相位差分别是（　　）。

A．9ms，4°　　B．9ms，40°　　C．90ms，4°　　D．90ms，40°

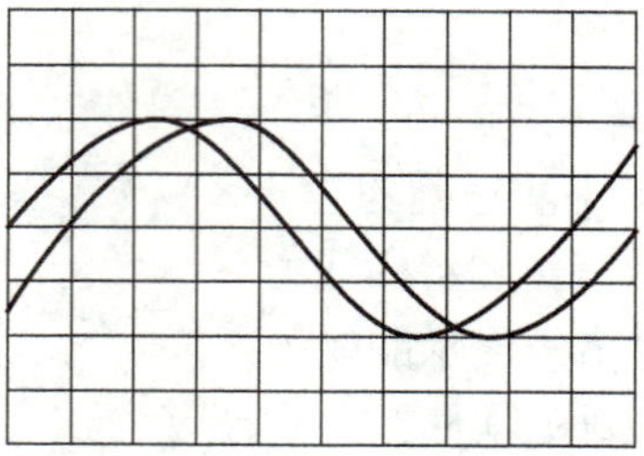

题 10 图

判断题

1．一个良好的扫描锯齿波电压正程线性好，逆程时间短。（　　）

2．延迟线主要是将被测信号延迟与扫描同步。（　　）

3．示波器不仅可以用来观测被测信号，也可以用做两个信号的比较器。（　　）

4．双踪示波器中电子开关的转换频率远大于被测信号的频率时，双踪显示工作在“交替”方式。（　　）

5．通用计数器在测频时，时标选得越大，则显示位数越多，因而±1 误差的影响就越小。（　　）

6．为了在示波器屏幕上获得稳定的波形，扫描正程必须与被测电压周期 T_y 成整数倍关系。（　　）

7．示波器的输入电阻越大越好，输入电容越大越好。（　　）

8．为了在屏幕上获得稳定的波形，T_x 与 T_y 必须成整数倍关系，若 $T_x<T_y$，波形好似向右跑动。（　　）

9．双踪示波器的断续显示方式适用于被测信号频率较高的场合。（　　）

10．用示波器可以进行两个正弦波的比较测量。（　　）

四、阅读材料：模拟电子示波器

（一）阴极射线示波管

示波器管：静电偏转的阴极射线示波管。

电气结构：电子枪、偏转系统和荧光屏。整个密封在玻璃壳内，成为大型的电真空器件。

实质：电信号→光信号。

普通示波器的结构示意图及供电电路如图 5-14 所示。

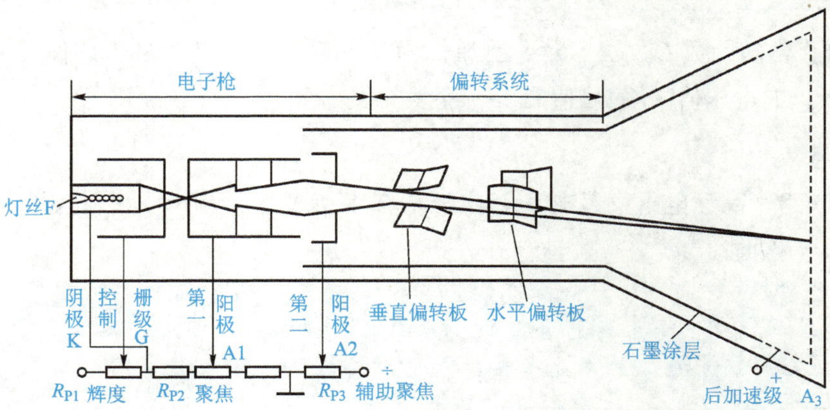

图 5-14　示波管结构示意图

1. 电子枪

组成：灯丝（F）、阴极（K）、控制栅极（G）、第一阳极（A1）、第二阳极（A2）和后加速极（A3）。

作用：发射电子并形成很细的高速电子束，撞击荧光屏而发光。

灯丝：加热阴极。

阴极：发射电子，控制射向荧光屏的电子流密度，改变荧光屏亮点的辉度。

控制栅极：控制射向荧光屏的电子流密度，从而改变荧光屏亮点的辉度。

（实现：调节电位器 R_{P1}，改变栅、阴极之间的电位差）。

第一阳极和第二阳极：加速电子束，聚焦作用。

R_{P2}“聚焦”电位器：改变第一阳极的电位。

R_{P3}“辅助聚焦”电位器：改变第二阳极的电位。

调节 R_{P2} 和 R_{P3}：使电子束在荧光屏上会聚成点，保证清晰度。

【注意】示波管的“辉度”与“聚焦”是相互关连的。在使用示波器时，这两者经常要配合调节。

后加速极 A3（位于荧光屏与偏转板之间）：加速电子束，增加光迹辉度。

2. 偏转系统

垂直偏转在前（靠近第二阳极），水平偏转板在后。两对偏转板各自形成静电场，分别控制电子束在垂直和水平方向的偏转。

电子束在偏转电场作用下的运动规律（以垂直偏转板为例），其偏转距离 y 可用下式来表示：

$$y = S_y U_y$$

式中　S_y——垂直偏转灵敏度，单位为 cm/V；

U_y——加于垂直两偏转板上的电压，单位为 V。

S_y 表示加在垂直偏转板上的每伏电压所能引起的偏转距离（示波测量方法的理论基础）。

【注意】此结论也适于交流电压。

示波器垂直偏转因数 D_y（$R_x \to \infty$），单位为 V/cm。表示光点在 Y 方向偏转 1cm 所需加在 Y 轴偏转板上的电压值（峰-峰值）。

3. 荧光屏

原理：荧光膜（高速电子束轰击）→ 电子光点→ 余辉 → 当电子束随信号电压偏转时，光点轨迹移动→形成信号波形。

【注意】不应当使亮点长时间停留于一个位置上（原因：高速电子束轰击荧光屏，产生热，过热会减弱磷光物质的发光效率，严重时烧成一个黑斑）。

有效面积：中间平整的部分（矩形较之圆形屏有效面积较大）。使用时，应尽量使波形映在有效面积内。

外刻度片：在荧光屏的外边加一块有机玻璃，标有垂直和水平方向的刻度。

内刻度片：有的分度刻在荧光屏玻璃内侧（优点：消除波形与刻度片不在同一平面上所造成的视觉误差）。

（二）波形显示原理

1. 波形显示

电子束受 u_x 和 u_y 共同作用的结果。

观测原理：偏转特性（即：电子束的偏转距离正比于加到偏转板上的电压大小）。

电子束沿两个方向的运动是相互独立的，亮点的位置取决于同时加在两副偏转板上的电压，当不加任何信号或分别为等电位时，亮点则处于中心位置。

当只在垂直板上加一个随时间做周期性变化的被测电压时，则电子束沿垂直方向运动，其轨迹为一水平线段（水平亦同），两种情况分别如图 5-15（a）和（b）所示。

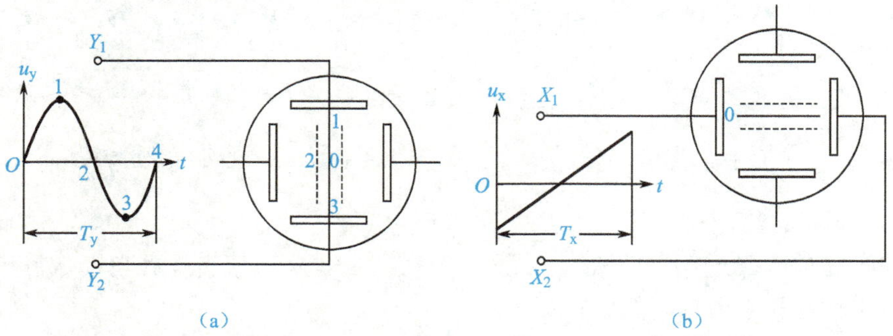

图 5-15　显示轨迹的形成

要显示被测电压随时间变化的波形，就要把屏幕作为一个直角坐标，其垂直轴作为电压轴，水平轴作为时间轴，使电子束在垂直方向偏转距离正比于被测电压的瞬时值；水平方向作恒速运动，则必须在示波器的水平偏转板上加随时间线性变化的扫描锯齿波电压。

2. 扫描

扫描电压：观察信号时，在垂直偏转板上加锯齿波电压。理想的锯齿波波形如图 5-16 所示。

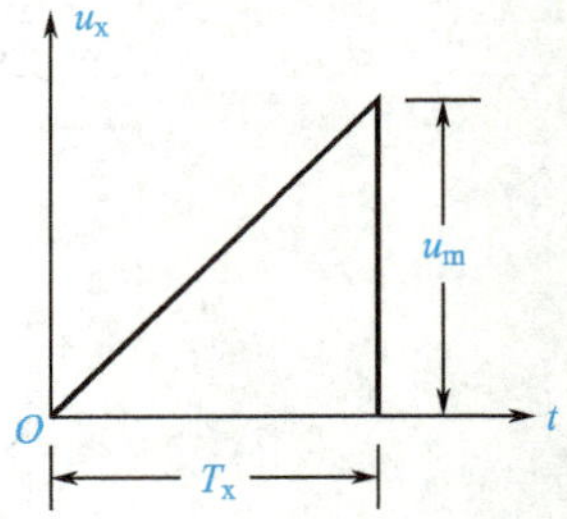

图 5-16 理想的锯齿波波形图

扫描：在水平偏转板上加锯齿波电压时，亮点沿水平方向从左至右恒速运动。当电压达到最大时，亮点达最大偏移，然后迅速返回至起始点。若电压重复变化，在屏幕上就显示一条亮线，这个过程称为“扫描”。亮点由左边起始点到达最右端的过程称为“扫描正程”，反之叫做“扫描回程”或“扫描逆程”。上述水平亮线称“扫描线”。

注意：应将正程形成的光迹增辉或逆程形成的光迹隐去，只显示扫描正程时得到的被测信号波形（目的：使波形清晰）。

波形扫描：在水平偏转板有扫描电压作用的同时，若在垂直偏转板上加被测信号电压，就可以将其波形显示在荧光屏上，如图 5-17 所示。

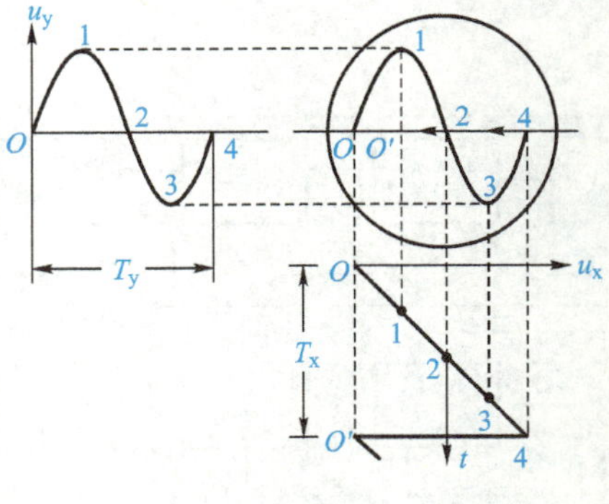

图 5-17 显示波形的形成

如果扫描电压 u_x 的周期 T_x 正好等于被测电压 u_y 的周期 T_y，则在 u_y 与 u_x 共同作用下，亮点的光迹正好是一条与 u_y 相同的曲线，亮点从 O 点经 1、2、3 至 4 点的移动为正程。从 4 点迅速返回 R_{P1} 点的移动为回程。图中的回程时间为零。

屏幕的 X 轴看作时间轴。亮点在水平偏转的距离大小代表了时间的长短，故也称扫描线为时间基线。

3. 同步

如果使 $T_x = 2T_y$，则在荧光屏上显示如图 5-18 的波形。由于波形多次重复出现，而且重叠在一起，所以可观察到一个稳定的波形（图中显示两个周期的波形）。

结论：增加显示波形的周期数，则应增加扫描电压 u_x 的周期（即降低 u_x 的频率）。荧光屏显示被测信号的周期个数就等于 T_x 与 T_y 之比 n（n 为正整数）。

如果 T_x 不是 T_y 的整数倍，会有什么结果呢？如下图所示是 R_{P2} 时的情况。

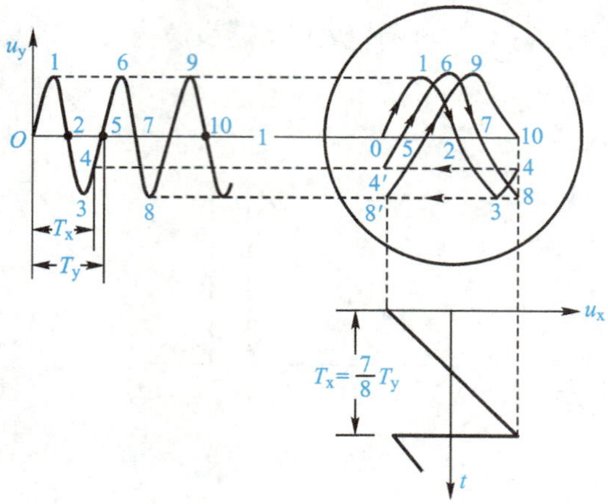

图 5-18　扫描信号的周期对显示波形的影响

结论：波形向左或向右跑动的原因是 T_x 与 T_y 不成整数倍的关系，形成每次扫描的起始点不对应被测信号相同的相位点。获得稳定的波形，则必使 $T_x = nT_y$，即同步。

电子束在被测电压与同步扫描电压的共同作用下，亮点在荧光屏上所描绘的图形反映了被测信号随时间的变化过程，多次重复就形成稳定的波形。

（三）通用示波器的基本组成

1. 通用示波器的组成框图

组成框图如图 5-19 所示。

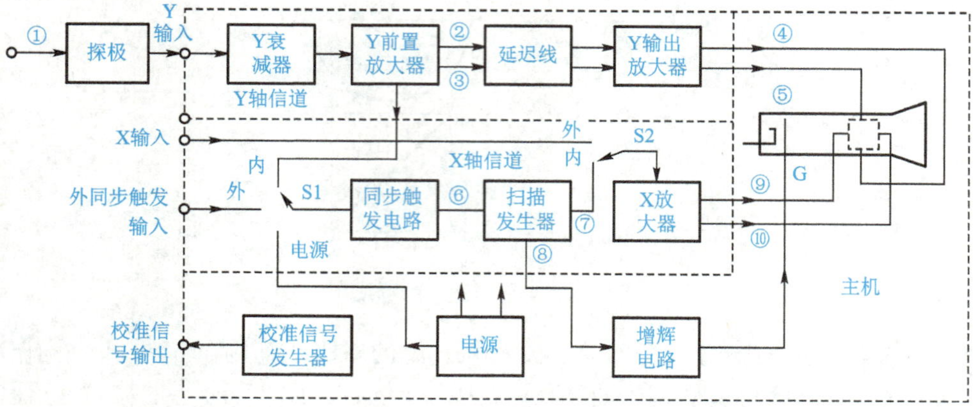

图 5-19　通用示波器组成框图

（1）Y 系统（垂直系统）

组成：衰减器、放大器及延迟线等。

作用：放大被测信号电压，以驱动电子束作垂直偏转。

（2）X 系统（水平系统）

组成：同步触发电路、扫描发生器及 X 放大器。

扫描发生器及 X 放大器的作用：产生扫描锯齿波加以放大，以驱动电子束进行水平扫描。

同步触发电路：保证波形稳定。

（3）主机系统

组成：示波管、增辉电路、电源和校准信号发生器。

增辉电路的作用：在扫描正程使光迹加亮，或在扫描回程使光迹消隐。

电源电路：将交流电变换成多种高、低压电源。

校准信号发生器：提供幅度、周期都很准确的方波信号，用作校准性能指标。

2. 通用示波器的主要技术性能

（1）Y 通道的频域与时域响应

① 频域响应（频带宽度）：上限频率 f_H 与下限频率 f_L 之差（f_L 一般为 0 Hz，可用上限频率 f_H 来表示）。

② 瞬态响应（时域响应）：Y 通道放大电路在方波脉冲输入信号作用下的过渡特性。

表示参数：上升时间（t_r）、下降时间（t_f）等。

f_H 与 t_r 的关系：

$$f_H \cdot t_r \approx 350$$

式中　f_H —— 示波器的频带宽度，单位为 MHz；

　　　t_r —— Y 通道的上升时间，单位为 ns。

两者决定了最高信号频率（指周期性连续信号）和脉冲的最小宽度。

（2）偏转因数

定义：输入信号在无衰减的情况下，亮点在屏幕的 Y 方向上偏转单位长度所需的电压峰值。

单位：V_{P-P}/cm 或 V_{P-P}/div。

下限：示波器观测微弱信号的能力；上限：输入端所允许加的最大电压（峰 - 峰值）。

（3）输入阻抗

包括：输入电阻 R_i(越大越好)和输入电容 C_i（越小越好）。

（4）扫描速度

表示：时基因数（定义：在无扩展情况下，亮点在 X 方向偏转单位距离所需的时间，“t/cm(div)”量度；t 可取μs、ms 或 s）。

扫描速度越高（即 t/cm 值越小），能够展开高频率信号或窄脉冲信号的能力越强；反之，观测缓慢变化的信号，则要求极慢的扫描速度。观测很宽频率范围的信号，要求有很宽范围的扫描速度。

（四）示波器的基本工作过程

工作过程：被测信号电压（经探头）→Y 输入端→衰减和前置放大、倒相→延迟 t_{d1} 时间（经延迟线）→ 放大（经 Y 后置放大器）→ 输出推挽信号 → 加载垂直偏转板→控制电子束垂直方向的偏转。

控制电子束水平偏转方法亦同。

稳定波形：使扫描的起点对应于被测信号的统一相位点，将被测信号送至触发整形电路。

（五）示波器的使用技术要点

（1）示波器在进行测量前都要进行准备工作，包括开机预热、辉度调节、聚焦和自校。

（2）亮度、辉度调节：使用示波器时，亮度、辉度要适中，不宜过亮，且光点不宜长时间停留于同一点上，以免损坏荧光屏。仪器暂时不用时，可将亮度调小，不必切断电源。

（3）聚焦：应使用光点聚焦，不要用扫描线聚焦。

（4）光迹水平位置的调整。

（5）仪器的自校及探头补偿：示波器探头要专用，使用示波器前通过方波信号进行校正，校正时将探极接在 CH1 或 CH2 插座上，探头勾在标准信号输出插座上，调整探极上的微调电容器。探头有无源和有源之分，一般衰减系数为 10。

（6）连接：当被测信号为几百千赫以下的连续信号时，可用一般导线连接；测量微弱信号时，应该使用屏蔽线以防外界信号的影响；测量脉冲和高频信号时，须用高频同轴电缆连接。

（7）测量：应在示波管屏幕的有效面积内进行测量，将波形的关键部位移至屏幕中心区域观测，可减少测量误差。

（8）灵敏度：Y 轴灵敏度开关“V/div”的最小值挡（即最高灵敏度挡）反映示波器观测微弱信号的能力。而它的最大挡（即最低灵敏度挡）反映示波器观测最大输入信号电压峰值的能力。

（9）稳定度：注意扫描稳定度、触发电平和触发极性等旋钮的配合调节使用。

（10）进行电压测量之前，都应把示波器所有开关的“微调”旋钮顺时针方向转至“校准”位置。

任务六

电子计数器

电子计数器概述

电子计数器（Electronic Counter）是利用数字电路技术输出给定时间内所通过的脉冲数并显示计数结果的数字化仪器。电子计数器是其他数字化仪器的基础。在它的输入通道接入各种模-数变换器，再利用相应的换能器便可制成各种数字化仪器。电子计数器的优点是测量精度高、量程宽、功能多、操作简单、测量速度快、直接显示数字，而且易于实现测量过程自动化，在工业生产和科学实验中得到广泛应用。

电子计数器按功能可分 4 类。

① 通用计数器：可测频率、周期、多周期平均、时间间隔、频率比和累计等。

② 频率计数器：专门用于测量高频和微波频率的计数器。

③ 计算计数器：具有计算功能的计数器，可进行数学运算，可用程序控制进行测量计算和显示等全部工作过程。

④ 微波计数器：是以通用计数器和频率计数器为主，配以测频扩展器而组成的微波频率计。它的测频上限已进入毫米波段，有手动、半自动 、全自动 3 类。系列化微波计数器是电子计数器发展的一个重要方面。

如图 6-1 所示为南京盛普 SP10B/100B/1500C/1500B/2500B/3000B 系列多功能计数器，它们以 CPLD 器件为核心，设备可靠性高，具有频率测量、周期测量、计数、PPM 测量（选配）等功能。

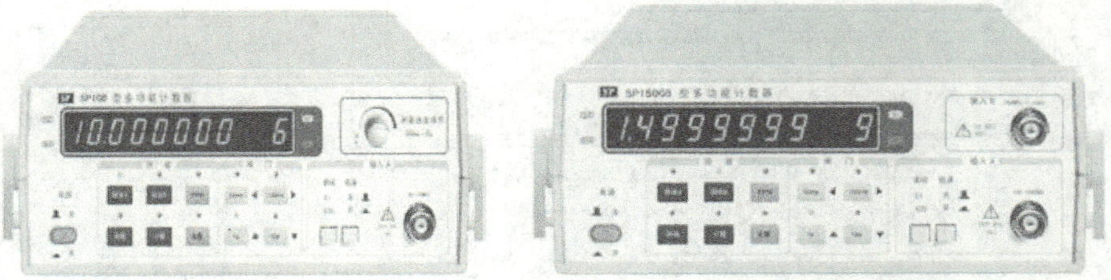

图 6-1　SP10B/100B/1500C/1500B/2500B/3000B 系列多功能计数器

如图 6-2 所示为南京盛普 SP3386/312B 系列等精度通用计数器。它们均以高性能的 AVR 单片机为核心，进行功能控制、测量时序控制、数据处理和结果显示。采用倒数计数技术，实现全范围内的等精度测量。除了具有频率、周期、时间间隔、脉宽、占空比、相位、计数等测量功能外，还有频率的多次平均、最大值、最小值、标准偏差、阿仑方差、最大偏差（最大值减最小值）、单次偏差（减预置值）和 PPM 的测量运算功能。仪器带有外触发/外闸门功能，能够上升沿触发测量（时间测量时）和正闸门内测量频率（频率测量时）。SP3386 系列等精度通用计数器机内钟频为 150MHz，SP312B 系列等精度通用计数器机内钟频为 50MHz。

如图 6-3 所示为南京新联 EE3385 系列通用计数器。它以高性能单片机为核心，采用 C 语言编程，进行功能控制、测量时序控制、数据处理和结果显示。该机采用倒数计数技术，实现全范围内的等精度测量，除了具有频率、周期、时间间隔、脉宽、占空比、相位、计数等测量功能外，还有频率的平均值、最大值、最小值、峰峰值、阿仑方差等多种统计运算功能。仪器带有外闸门功能，能够上升沿触发测量（时间测量时）和正闸门内测量频率（频率测量时）。计数器内钟频可选 10MHz、50MHz、100MHz 等，该机功能齐全，测量范围宽，灵敏度高，动态范围大，精度高，体积小，使用方便。

图 6-2　SP3386/312B 型高精度通用计数器

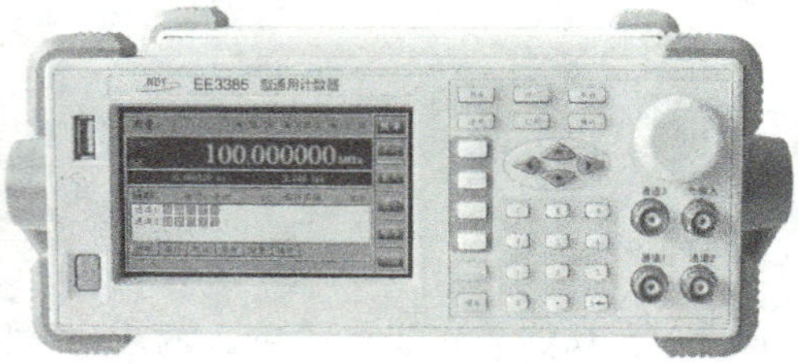

图 6-3　EE3385-01 100MHz 通用计数器

一、电子计数器的使用

（一）跟我练一练

电子计数器的型号、种类很多，但常规测量的方法和主要功能键的作用都区别不大，下面以南京盛普 SP3000B 型通用计数器为例，学习电子计数器的使用。

1. 电子计数器面板功能按钮的使用

（1）SP3000B 型通用计数器的前面板如图 6-4 所示，主要端钮如下：

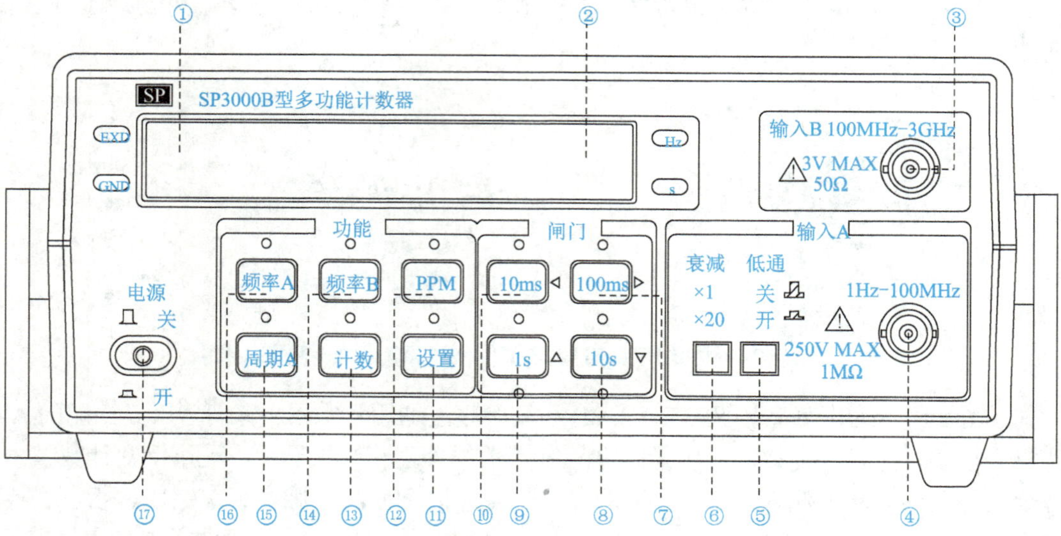

图 6-4　SP3000B 型通用计数器的前面板

① 测量数据显示窗口：显示测量的频率、周期或计数的数据。

② 指数显示窗口：显示被测信号的指数量级。

③ B 通道输入插座：当被测信号频率大于 100MHz 时，由此通道输入信号。

④ A 通道输入插座：当被测信号频率小于 100MHz 或作周期、计数测量时，由此通道输入信号。

⑤ 低通滤波器开关：按下此键可有效滤除低频信号上混有的高频成份。

⑥ 衰减开关：按下此键，可衰减 A 通道输入信号 1/20。

⑦ 闸门选择按钮：按此按钮，闸门时间为 100ms。当仪器具有 PPM 测量功能，在设置预置频率 f_0 时，此按钮为右移按钮。

⑧ 闸门选择按钮：按此按钮，闸门时间为 10s。当仪器具有 PPM 测量功能，在设置预置频率 f_0 时，此按钮为递减按钮。

⑨ 闸门选择按钮：按此按钮，闸门时间为 1s。当仪器具有 PPM 测量功能，在设置预置频率 f_0 时，此按钮为递增按钮。

⑩ 闸门选择按钮：按此按钮，闸门时间为 10ms。当仪器具有 PPM 测量功能，在设置预置频率 f_0 时，此按钮为左移按钮。

⑪ 设置按钮：当仪器具有 PPM 测量功能时，按此按钮可对预置频率 f_0 进行任意设置。设置范围为 1Hz～100Hz，开机默认的 f_0 是 32～768Hz。

⑫ PPM 测量按钮（选配功能）：按此按钮，仪器进入 PPM 测量状态。测量范围为-9999～+9999PPM，超出范围时显示 9999PPM。

⑬ 计数按钮：按此按钮，仪器进入计数状态，闸门灯点亮。若 A 通道有输入信号，仪器开始计数，再按计数按钮，计数处于保持（停止）状态，闸门灯熄灭；再按计数按钮，闸门灯点亮，仪器进行累加计数。设置按钮和四个闸门按钮均为计数清零按钮。

⑭ 频率 B 按钮：当被测信号频率大于 100MHz 时，按此按钮测量由 B 通道输入信号的频率。

⑮ 周期按钮：按此按钮测量由 A 通道输入信号的周期。

⑯ 频率 A 按钮：当被测信号频率小于 100MHz 时，按此按钮测量由 A 通道输入信号的频率。

⑰ 整机电源开关：此键按下时，机内电流接通，仪器显示机型后进入自校状态。此按键释放为关闭整机电源。

（2）SP3000B 型通用计数器的后面板如图 6-5 所示，主要端钮如下：

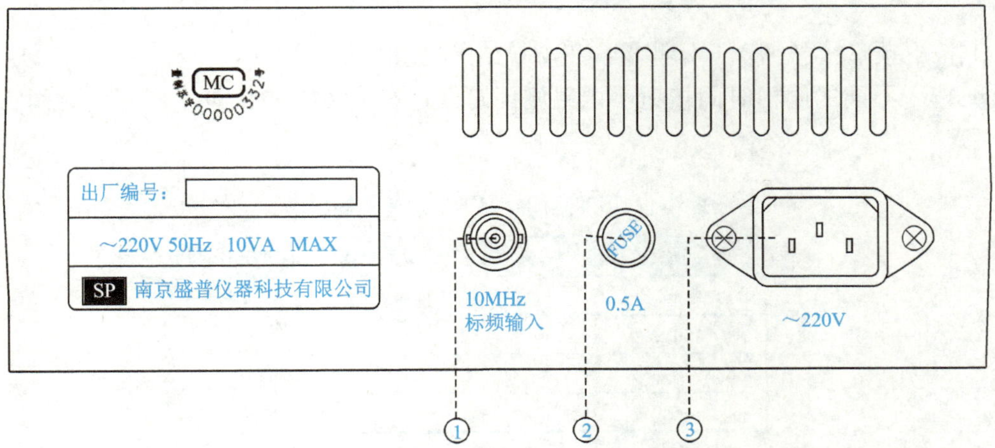

图 6-5　SP3000B 型通用计数器的后面板

① 10MHz 标频输入插座：当输入大于 $1V_{P\text{-}P}$ 的 10MHz 外接标频时，EXT 指示灯亮，机内自动切换成外部标频工作。

② 保险丝管座：内置保险丝容量为 0.5A。

③ 电源插座：交流市电 220V 插座。

（3）测量前的准备工作

先仔细检查电源电压是否符合本仪器的电压工作范围，确认无误后方可将电源线插入本仪器后面板上的电源插座内。仔细检查测试系统电源情况，保证系统间接地良好，仪器外壳和所有的外露金属均已接地。在与其他仪器相连时，各仪器间应无电位差。

（4）仪器开机

插上电源线后，仪器内部晶体振荡器即已通电。按下电源开关，仪器进入初始化。先全部点亮 LED 显示屏和 LED 指示灯，然后部分熄灭。初始化结束后，仪器进入前一次关机前的测量状态。

2. 频率、周期、计数的测量

（1）频率、周期的测量方法：用信号发生器产生 5kHz、$5V_{P\text{-}P}$ 的正弦信号，将该信号送至计数器，用计数器测量该信号的频率和周期，测量过程如下：

① 打开函数信号发生器和计数器的电源，预热机器；

② 调节信号发生器，产生 5kHz、$5V_{P\text{-}P}$ 的正弦信号；

③ 用同轴电缆将信号发生器的函数输出端与计数器的 A 通道输入端连接，如图 6-6 所示；

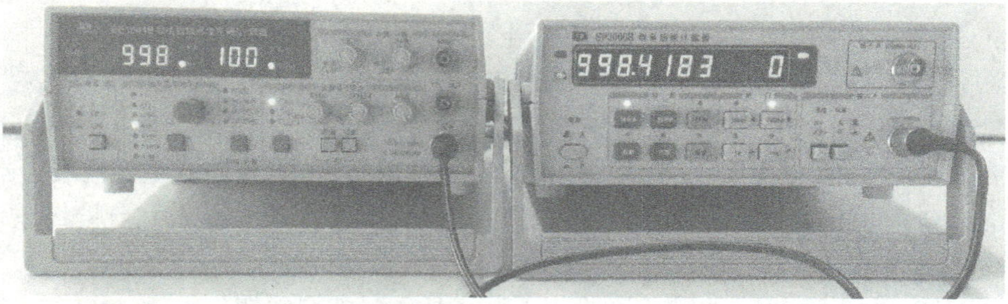

图 6-6　用电子计数器测量信号源输出信号的周期和频率

④ 按下频率 A 按钮，开始测量，将测量结果记录在表 6-1 中；

⑤ 按下不同的闸门时间按钮，调整闸门时间，在表 6-1 中记录不同闸门时间下的测量结果。

表 6-1　不同闸门时间下的电压测量数据

闸门时间	频　率	周　期
10ms		
100ms		
1s		
10s		

⑥ 按下周期 A 按钮键，开始测量，将测量结果记录在表 6-1 中；

⑦ 按下不同的闸门时间按钮，调整闸门时间，在表 6-1 中记录不同闸门时间下的测量结果。

(2) 计数的测量方法：用信号发生器产生 5Hz、$5V_{P\text{-}P}$ 的方波信号，将该信号送至计数器，用计数器测量一段时间该信号的脉冲个数，测量过程如下：

① 打开函数信号发生器和计数器的电源，预热机器；

② 调节信号发生器，产生 5Hz、$5V_{P\text{-}P}$ 的正弦信号；

③ 用同轴电缆将信号发生器的函数输出端与计数器的 A 通道输入端连接，如图 6-6 所示；

④ 按下计数按钮，闸门灯点亮，开始计数，观察计数结果的变化；

⑤ 再次按下计数按钮，闸门灯熄灭，计数暂停，再按下计数按钮，闸门灯点亮，又开始计数；

⑥ 按下设置按钮或四个闸门按钮，计数清零。

（二）仿真练一练

1. 电子计数器面板功能按钮的使用

在仿真软件中，观察电子计数器各端钮的作用。

2. 仿真测量频率、周期、时间

在仿真软件中，用电子计数器测量市电电压和信号发生器输出电压的频率和周期，在测量市电电压时，试用计数功能。

（三）实践测一测

1. 连接信号发生器、计数器、示波器

将信号发生器、计数器、示波器按照图 6-7 所示进行连接。

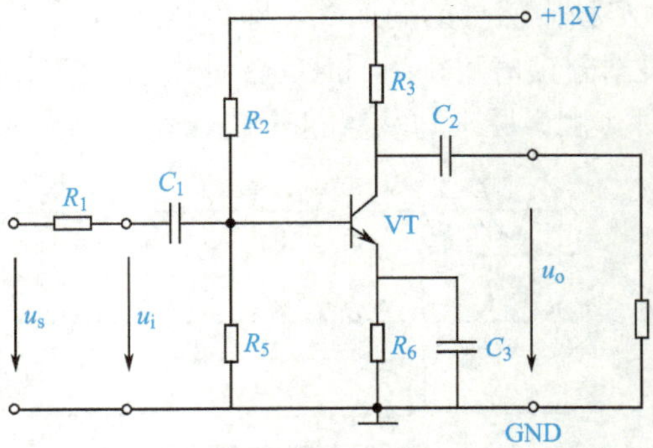

图 6-7 信号发生器、计数器、示波器连接示意图

2. 测量频率、周期、计数

参照“仿真练一练”的要求，测量信号的周期、频率，并与示波器的测量结果进行比较，将测量结果记录在表 6-2 中。通过闭合与断开开关 K，观察计数功能。

表 6-2 计数器、示波器测量结果的比较

	信号发生器	电子计数器	示 波 器
频率			
周期			

二、电子计数器的结构与原理

（一）自主学一学

1. 电子计数器的结构框图

如图 6-8 所示为 SP3000B 型通用计数器的基本结构。当信号频率小于 100MHz 时，从 A 通道输入，可以测量信号的周期、频率，或者对 A 通道信号进行计数。当信号频率大于 100MHz 时，从 B 通道输入，只能测量信号的频率。

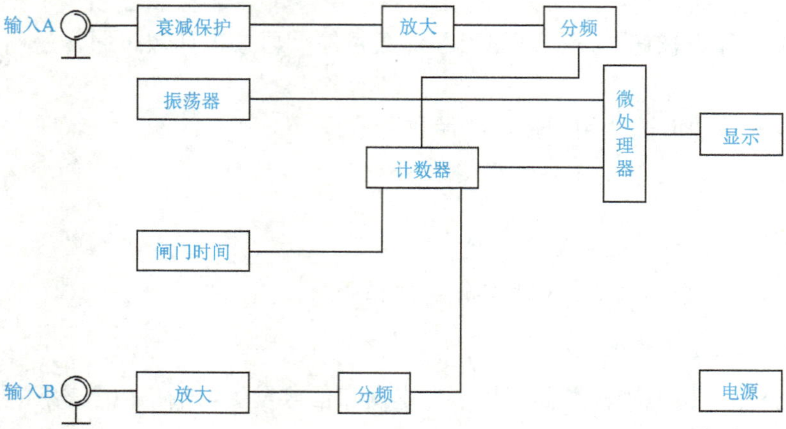

图 6-8　SP3000B 型通用计数器的结构框图

通过对测量功能的选择，电子计数器主要具有以下三种基本功能。

① 频率测量：被测信号从 A 通道输入，闸门信号控制计数器计数，若闸门时间为 1 秒，计数器的计数结果为 1 秒内信号的周期数，即为 A 通道的信号分频后的频率；若闸门时间为 T 秒，计数器的计数结果为 T 秒内信号的周期数，即为 A 通道的信号分频后的频率的 T 倍，如图 6-9 所示。微处理器根据分频倍数、闸门时间和计数值计算出信号的频率，送显示器显示。当信号从 B 通道输入时，测量原理与从 A 通道输入相同。

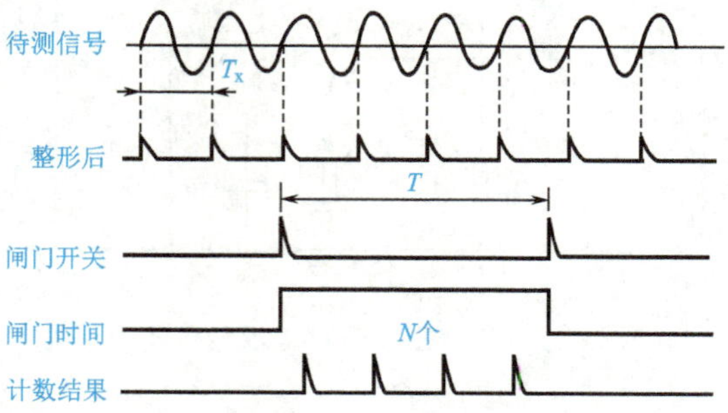

图 6-9　频率测量的原理

② 周期测量：微处理器根据上述频率测量的结果换算得到信号的周期，送显示器显示。

③ 累加计数：由人工触发开放闸门，计数器对 A 通道信号进行累加计数。

2. 电子计数器的测量信号流程图

SP3000B 型通用计数器以微处理器为核心，电路结构更简化，工作更可靠，其内部信号流程如图 6-10 所示。

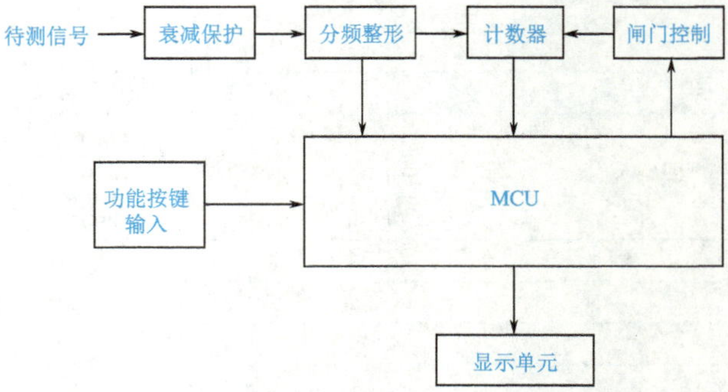

图 6-10　SP3000B 型通用计数器的测量信号流程图

3. 电子计数器的主要技术参数

（1）测试功能：仪器所具备的测试功能，如测频、测周等。

（2）测量范围：仪器的有效测量范围，如测频时的频率上限和下限，测周时的周期最大值和最小值。

（3）输入特性：①输入耦合方式有 AC 和 DC 两种方式，AC 耦合指的是选择输入端交流成分加到电子计数器；DC 耦合即直接耦合，输入端信号直接加到电子计数器上。②触发电平及其可调范围，B、C 通道用于控制门控电路的工作状态，达到一定的触发电平时，显示时间间隔等参数。因此，只有被测信号为门控电路的状态才能翻转，闸门才能适时地开启关闭，从而测触发电平必须连续可调，要具备一定的可调范围；③输入灵敏度；④最高输入电压；⑤输入阻抗，指在仪器正常工作时输入的最小电压，即允许输入的最大电压超过该电压，仪器将不能正常工作，甚至损坏，包括输入电阻和输入电容。

（4）测量准确度：常用测量误差来表示。

（5）闸门时间和时标：它由标准时间电路产生的信号决定。

（6）显示及工作方式：①显示位数，可以显示的数字位数；②显示时间，两次测量之间显示结果的时间，一般可调；③显示器件，显示测量结果或测量状态的器件，如数码管、发光管、液晶显示器等；④显示方式，有记忆显示和非记忆显示两种方式。非记忆显示是指显示正在计数的过程，记忆显示只显示最终结果，实际显示的数字是刚结束的一次测量结果，一次计数过程结束时再刷新。

（7）输出：显示的数字保留至下一非记忆显示方式时，还可显示正在计数的过程。仪器可输出的有信号种类、输出数码的编码方式及输出电平。

SP10B/100B/1500C/1500B/2500B/3000B 系列多功能计数器的主要技术参数如下。

（1）测量范围

项　目		技 术 参 数
频率测量范围	SP10B	1Hz～10MHz
	SP100B	1Hz～100MHz
	SP1500B/C	1Hz～100MHz（A 通道）　100MHz～1.5GHz（B 通道）
	SP2500B	1Hz～100MHz（A 通道）　100MHz～2.5GHz（B 通道）
	SP3000B	1Hz～100MHz（A 通道）　100MHz～3GHz（B 通道）
周期测量范围	SP10B	100ns～1s
	SP100B	10ns～1s
	SP1500B/C	10ns～1s
	SP2500B	10ns～1s
	SP3000B	10ns～1s
计数容量		10^8～1

(2) 输入特性

项　目	技术参数	
灵敏度	1Hz～10 Hz	40mVrms
	10Hz～100 Hz	20mVrms
	100MHz～3G Hz	30mVrms
耦合方式	AC 耦合	
阻抗	A 通道：1MΩ/40pF	B 通道：50Ω
输入衰减	×1 或×20	
低通滤波器	截止频率约 1MHz/100kHz（SP10B、SP100B）	
最大输入幅度	A 通道：交流加直流≤$250V_{P-P}$	
	B 通道：≤$3V_{P-P}$	
波形适应性	正弦波、脉动波、三角波	

(3) 其他

项　目		技术参数
测量误差		±时基误差±触发误差×被测频率（周期）±LSD 其中：$LSD=\frac{100ns}{闸门时间}\times$被测频率（周期） 当被测的正弦波信号的信噪比为 40dB 时 触发误差$<\frac{0.3\%}{被平均的被测信号周期数}$
分辨率		闸门时间 10ms　显示 6 位　闸门时间 100ms　显示 7 位 闸门时间 1s　显示 8 位　闸门时间 10s　显示 8 位
时基	标称频率	10MHz
	频率稳定度	5×10^{-6}/d　1×10^{-5}/d（SP1500C 型）
电流及功率	电压	交流 220V±10%
	频率	50Hz±5%
	功率	<10VA
外形尺寸		240×280×90（mm）
重量		<1.8kg

4. 电子计数器的使用注意事项

(1) 当给仪器通电后，应预热一定的时间，晶振频率的稳定度才可达到规定的指标。使用时应注意，如果不要求精确的测量，预热时间可适当缩短。

(2) 被测信号送入时，应注意电压的大小不得超过规定的范围，否则容易损坏仪器。

(3) 仪器使用时要注意周围环境的影响，附近不应有强磁场、电场干扰，仪器不应受到强烈的振动。

(4) 数字式测量仪器在测量的过程中，由于闸门的打开时刻与送入的第一个计数脉冲在时间的对应关系上是随机的，所以测量结果中不可避免地存在着±1 个数的测量误差，现象是显示的最末一位数字有跳动。为使它的影响相对减小，对于各种测量功能，都应力争使测量数据有较多的有效数字位数。适当地选择闸门时间或周期倍乘率即可达到此目的。

(5) 仪器在进行各种测量前，应先进行自校检查，以检查仪器是否正常。自校检查只能检查部分电路的工作情况，并不能说明仪器没有任何故障，例如，无法给予 A、B 两输入电路是否正常的提示。另外，自校测量无法反映晶体振荡器频率的准确度。

(6) 使用时，应注意触发电平的调节，在测量脉冲时间间隔时尤为重要，否则会带来很大的测量误差。

（7）使用时，应按要求正确选用输入耦合方式。

（8）测量时，应尽量降低被测信号的干扰分量，以保证测量的准确度。

（二）拓展修一修

电子计数器型号比较多，内部结构也大不相同，常见故障有：无显示（整机不工作）、数码管叠字（漏字）、误差。维修中，仍然是先检修电源，如果电源正常，无显示故障会解决。

1. 短路故障的仿真维修

当电子计数器出现指示灯不亮、数码管无显示等三无现象时，应重点检查由于内部短路引起的保险丝烧断。

短路故障的仿真分析

（1）故障分析导图

由于内部短路引起的保险丝烧断，通常是电子计数器内部电源电路故障引起的。若电路中滤波电容、开关三极管击穿，造成内部短路，往往会烧断保险丝，甚至烧坏整流二极管。故障分析导图，如图 6-11 所示。

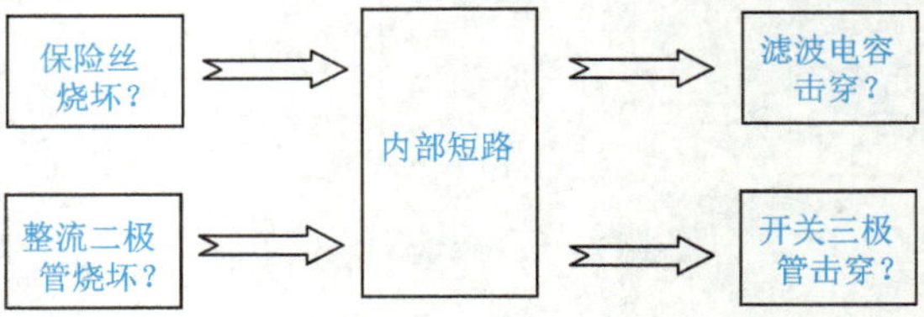

图 6-11　短路故障分析导图

（2）动画显示故障回路

打开仿真软件，进入故障维修模块，选择故障一“指示灯不亮、数码管无显示（开机瞬间指针无偏转）”，单击“显示故障回路”，观察、分析故障可能发生的范围。

（3）动画显示可能的故障元件

单击“可能的故障元件”，观察、分析故障可能的故障元件。

短路故障仿真检修

（1）仿真检测

单击“仿真检修”，用万用表电阻挡测量滤波电容、开关三极管的集电极与发射极、整流二极管、保险丝的电阻，填入表 6-3 并与正常值进行比较。

表 6-3　故障一检测记录

元　件	保　险　丝	整流二极管				滤　波　电　容	开　关　管
标号							
正常电阻							
测量值							

（2）判别故障

根据上述测量值，判断故障元件。

(3) 排除故障

移去故障元件，从元件库选择同型号元件，安装到电路板相应位置。

(4) 检验是否成功

打开电源开关，检查电压表是否正常工作。

2. 断路故障的仿真维修

由于元器件脱焊、电源导线折断、探头电缆内部损坏等原因，往往会造成断路故障，一般情况下，断路故障不会造成周围元器件损坏等连锁反应。

断路故障的仿真分析

(1) 故障分析导图

仪器出现断路故障，会导致信号或电源无法传递，故障现象较为明显，如部分数码管或数码管的某些字段不能点亮，有信号输入时无任何反应等故障现象，检修时可根据故障现象判断故障范围。下面以有信号输入时无任何反应为例进行仿真分析与检修，分析导图如图 6-12 所示。

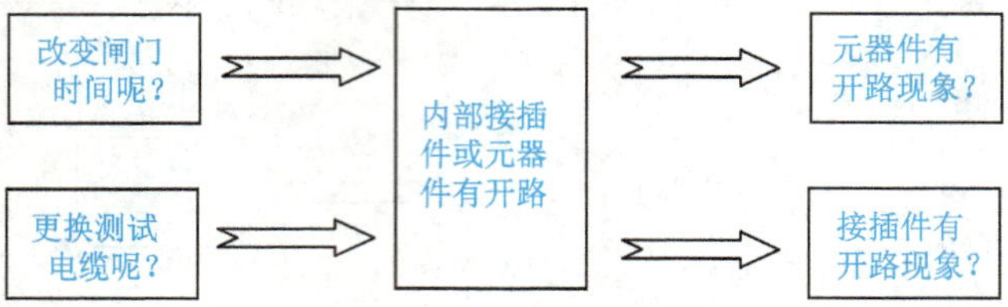

图 6-12 开路故障分析导图

(2) 动画显示故障回路

打开仿真软件，进入故障维修模块，选择故障二“有信号输入时无反应”，单击“显示故障回路”，观察、分析故障可能发生的范围。

(3) 动画显示可能的故障元件

单击“可能的故障元件”，观察、分析故障可能的故障元件。

断路故障仿真检修

(1) 仿真检测

单击“仿真检修”，用万用表电阻挡测量连接电缆两端插针之间的电路是否开路，填入表 6-4 并与正常值进行比较。

表 6-4 故障二检测记录

故障现象	故障范围	检测记录

(2) 判别故障

根据上述测量值，判断故障元件或故障部位。

（3）排除故障

用电烙铁对开路点进行连接恢复。

（4）检验是否成功

打开电源开关，检验计数器是否正常工作。

元器件损坏故障的仿真分析

（1）故障分析导图

仪器出现元器件损坏故障，故障现象较为多样，如测量误差大、数码管叠字、某些闸门时间不能测量甚至仪器不能工作等故障现象，检修时可根据故障现象判断故障范围。下面以测量误差大为例进行仿真分析与检修，分析导图见图 6-13。

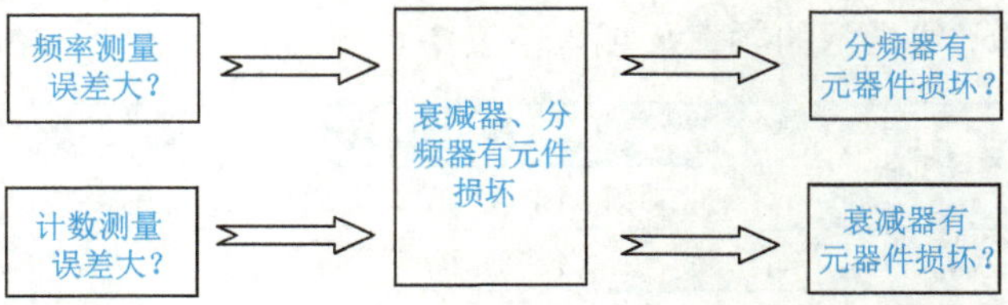

图 6-13　元器件损坏故障分析导图

（2）动画显示故障回路

打开仿真软件，进入故障维修模块，选择故障三“测量误差大”，单击“显示故障回路”，观察、分析故障可能发生的范围。

（3）动画显示可能的故障元件

单击“可能的故障元件”，观察、分析故障可能的故障元件。

元器件损坏故障仿真检修

（1）仿真检测

单击“仿真检修”，用万用表电阻挡测量相应分压电阻或分频电路是否正常，填入表 6-5 并与正常值进行比较。

表 6-5　故障二检测记录

故障现象	故障范围	检测记录

（2）判别故障

根据上述测量值，判断故障元件或故障部位。

（3）排除故障

移去故障元件，从元件库选择同型号元件，安装到电路板相应位置。

（4）检验是否成功

打开电源开关，检验计数器是否正常工作。

(三) 探究想一想

1. 分析表 6-1 数据，说明闸门时间对测量结果的影响。

2. 用 6 位电子计数器测量频率为 10kHz 和 100kHz 的信号频率，闸门时间分别置于 1s 和 0.1s。

(1) 分别计算显示器显示的频率，填入下表中。

被测信号频率	测量结果	
	闸门时间：1s	闸门时间：0.1s
10kHz		
100kHz		

(2) 根据结果说明什么情况下误差小。

(四) 自评考一考

选择题

1. 在下列所述功能要求的选项中，电子计数器不能实现的是（　　）。
   A. 测量频率、测量电平
   B. 测量周期、测量高频和微波频率
   C. 进行累加计数、与计算机连接实现自动化测量
   D. 测量时间间隔、测量频率比

2. 通用计数器在测量频率时，当闸门时间选定后，被测信号频率越低，则（　　）误差越大。
   A. 触发　　B. 标准频率　　C. 偶然　　D. ±1

3. 在测量信号频率时，电子计数器的计数信号和门控信号分别为（　　）。
   A. 被测信号、闸门时间信号　　B. 时标信号、被测信号
   C. 闸门时间信号、被测信号　　D. 时标信号、闸门被测信号

4. 电子计数器不能测量的参数是（　　）。
   A. 两个信号的频率比　　B. 信号的周期
   C. 两个信号之间的时间间隔　　D. 信号的幅度

5. 电子计数器频率测量时的主要误差是（　　）。
   A. 量化误差　　B. 时基误差　　C. 计数误差　　D. 触发误差

6. 电子计数器能测量的是（　　）。

A．振幅　　B．上升时间　　C．相位差　　D．时间间隔

7．用 8 位电子计数器测量一个频率为 1240kHz 的信号时，若选择闸门时间为 100ms，则显示值为（　　）。

A．1240.0kHz　　B．1240.0000kHz　　C．1240.000kHz　　D．1240.00kHz

8．用 7 位计数器测量信号频率，当闸门为 1s 时，仪器正常工作时显示值应为（　　）。

A．150.000kHz　　B．150.00kHz　　C．150.0kHz　　D．150kHz

9．用 7 位计数器测量 f_x=250kHz 的信号频率，当闸门时间为 0.1s 时，仪器正常工作时显示值为（　　）。

A．250.000kHz　　B．250.00kHz　　C．250.0kHz　　D．250kHz

10．用电子计数器测量信号频率时，下列说法中最确切的是（　　）。

A．测量精度只与闸门时间有关

B．测量精度与闸门时间无关

C．测量精度与被测信号的频率和闸门时间都有关

D．测量精度与被测信号的频率无关

判断题

1．电子计数器进行频率测量时，计数脉冲来源于被测信号，触发脉冲来源于闸门信号。（　　）

2．用电子计数器测量一个频率为 250kHz 的信号时，若选择的闸门时间为 10ms，则正常显示的频率值为 250.00kHz。（　　）

3．电子计数器自校时内部的晶振不工作。（　　）

4．量化误差对测频误差的影响随频率升高而减小。（　　）

5．电子计数器的测量速度与闸门时间有关。（　　）

6．用电子计数器测量同一信号频率时，闸门时间增加，测量结果不变，但有效数字的倍数增加。（　　）

7．计数器测量频率时，闸门时间越长，测量误差越小。（　　）

8．通用计数器在测频时，闸门时间选得越大，则显示位数越多，因而±1 误差的影响就越小。（　　）

9．用电子计数器测量频率时，其量化误差与被测信号频率 f_x 有关，且随被测信号频率 f_x 的增大而减小。（　　）

10．用电子计数器测量同一个信号频率时，闸门时间增加，测量结果不变，但有效数字位数增加。（　　）

三、单元测评

选择题

1．电子计数器不能测量的参数是（　　）。

A．两个信号的频率比　　B．信号的周期

C．两个信号之间的时间间隔　　D．信号的幅度

2．用 6 位计数器测量 f_x=2.6MHz 的信号频率，当闸门时间置于 1ms 时，仪器正常显示值为（　　）。

A．2600.00kHz　　B．2600.0Hz　　C．260.000kHz　　D．2.6MHz

3．在下列所述功能要求的选项中，电子计数器不能实现的是（　　）。

A．测量频率、测量电平

B．测量周期、测量高频和微波频率

C．进行累加计数、与计算机连接实现自动化测量

D．测量时间间隔、测量频率比

4．通用计数器在测量频率时，当闸门时间选定后，被测信号频率越低，则（　　）误差越大。

A．触发　　B．标准频率　　C．偶然　　D．±1

5．在测量信号频率时，电子计数器的计数信号和门控信号分别为（　　）。

A．被测信号、闸门时间信号　　B．时标信号、被测信号

C．闸门时间信号、被测信号　　D．时标信号、闸门被测信号

6．电子计数器不能测量的参数是（　　）。

A．两个信号的频率比　　B．信号的周期

C．两个信号之间的时间间隔　　D．信号的幅度

7．电子计数器频率测量时的主要误差是（　　）。

A．量化误差　　B．时基误差　　C．计数误差　　D．触发误差

8．电子计数器能测量的是（　　）。

A．振幅　　B．上升时间　　C．相位差　　D．时间间隔

9．用 8 位电子计数器测量一个频率为 1240kHz 的信号时，若选择闸门时间为 100ms，则显示值为（　　）。

A．1240.0kHz　　B．1240.0000kHz　　C．1240.000kHz　　D．1240.00kHz

10．用 7 位计数器测量的信号频率，当闸门为 1s 时，仪器正常工作时显示值应为（　　）。

A．150.000kHz　　B．150.00kHz　　C．150.0kHz　　D．150kHz

判断题

1．在通用计数器测频时，闸门时间选得越大，则显示位数越多，因而±1 误差的影响就越小。（　　）

2．用电子计数器测量频率时，其量化误差与被测信号频率 f_x 有关，且随被测信号频率 f_x 的增大而减小。（　　）

3．用电子计数器测量同一个信号频率时，闸门时间增加，测量结果不变，但有效数字位数增加。（　　）

4．电子计数器有两个通道 A、B，通常 A 通道输出门控信号，B 通道输出计数信号。（　　）

5．计数器测量频率时，闸门时间越长，测量误差越小。（　　）

6．测量低频信号时，不宜采用直接测频的方法。（　　）

7．用电子计数器测量同一个信号频率时，闸门时间增加，测量结果不变，但有效数字位数增加。（　　）

8．电子计数器中的晶体振荡器主要用于提高振荡频率，它的稳定性与电子计数器的测量精度没有关系。（　　）

9．电子计数器计数测量时，门控信号由分频器产生。（　　）

10．电子计数器测频误差与被测信号频率和闸门时间无关。（　　）

任务七

综合应用与评价

一、正弦信号发生器的制作与测量

（一）自主学一学

1. 电路组成与工作原理

（1）电路原理图

正弦信号发生器的电路原理图如图 7-1 所示，装配图如图 7-2 所示。

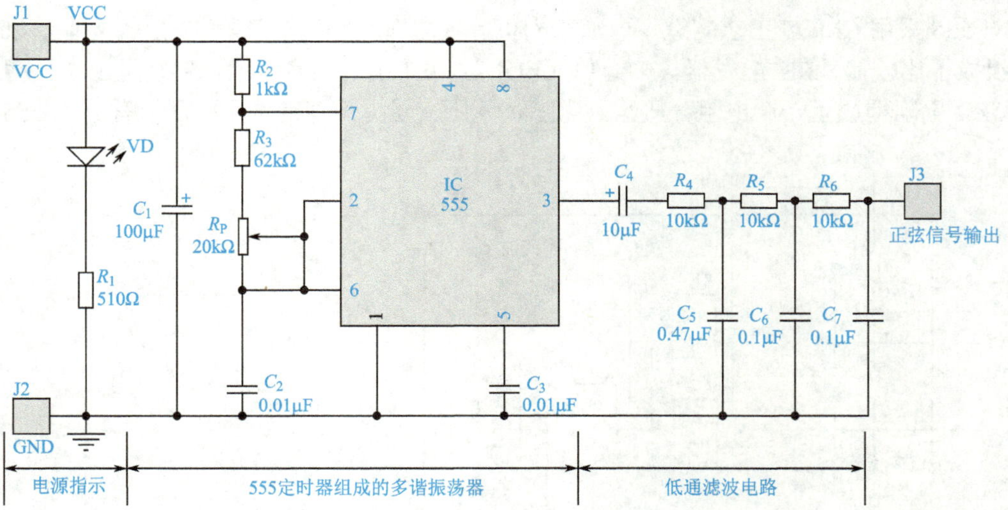

图 7-1　正弦信号发生器电路原理图

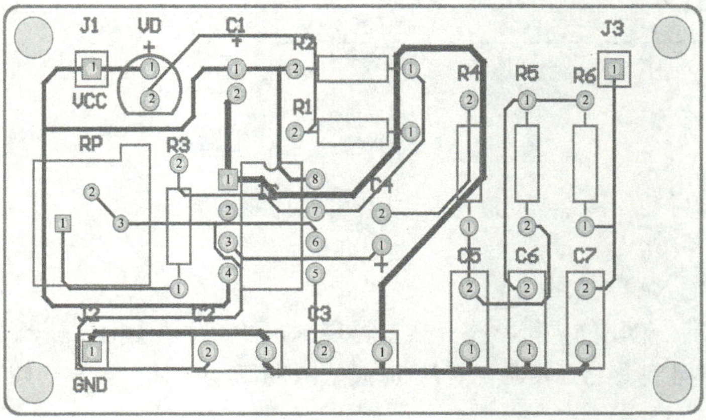

图 7-2　正弦信号发生器装配图

（2）工作原理

总电路图的原理：555 定时器接成多谐振荡器工作形式，C_2 为定时电容，C_2 的充电回路是 $R_2 \to R_3 \to R_P \to C_2$，$C_2$ 的放电回路是 $C_2 \to R_P \to R_3 \to I_C$ 的 7 脚（放电管）。由于 $R_3+R_P \gg R_2$，所以充电时间常数与放电时间常数近似相等，由 IC 的 3 脚输出的是近似对称方波。按图 7-1 所示元件参数，其频率为 1kHz 左右，调节电位器 R_P 可改变振荡器的频率。方波信号经 R_4、C_5 积分网络后，输出三角波。三角波再经 R_5、C_6 积分网络，输出近似的正弦波。C_1 是电源滤波电容。发光二极管 VD 用作电源指示灯。

由 555 定时器组成的多谐振荡器产生方波，然后由积分电路将方波转化为三角波，最后用低通滤波器将方波转化为正弦波，但这样的输出将造成负载的输出正弦波波形变形，因为负载的变动将拉动波形的畸变。

2. 芯片 NE555 介绍

NE555 是一种应用特别广泛、作用很大的集成电路，属于小规模集成电路，在很多电子产品中都有应用。NE555 的作用是用内部的定时器来构成时基电路，给其他的电路提供时序脉冲。NE555 时基电路有两种封装形式，一是 DIP 双列直插 8 脚封装，另一种是 SOP-8 小型（smd）封装形式。

NE555 采用 CMOS 工艺制造，内部结构可等效成 23 个晶体三极管、17 个电阻、2 个二极管组成了比较器、RS 触发器等多组单元电路，如图 7-3（a）所示。特别是由三只精度较高的 5kΩ 电阻构成了一个电阻分压器，为上、下比较器提供基准电压，所以称之为 555。

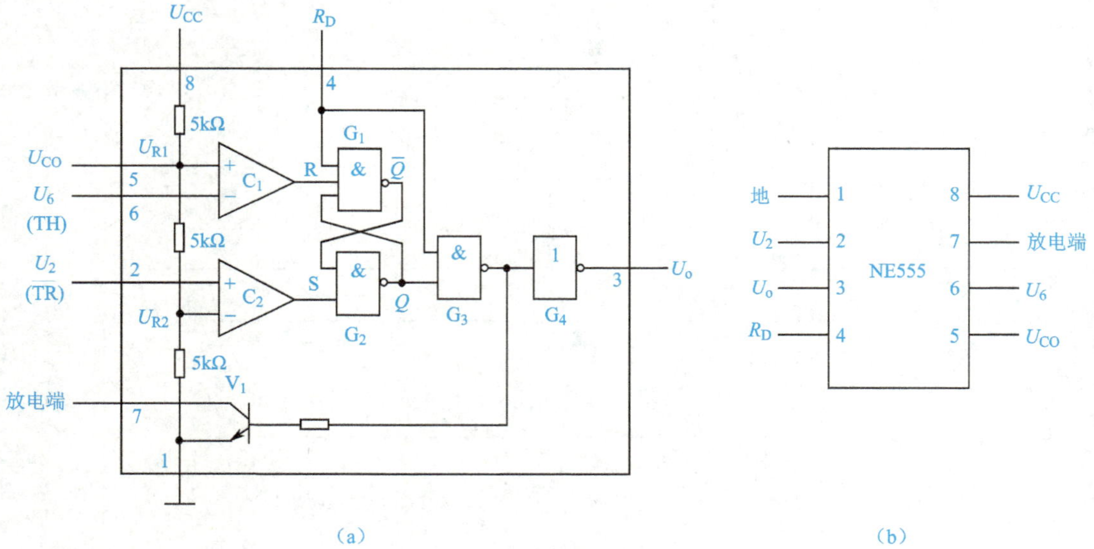

图 7-3　NE555 内部结构及引脚排列

NE555 的引脚排列如图 7-3（b）所示，其引脚功能如下：

- 1 脚为地。
- 2 脚为触发输入端。
- 3 脚为输出端，输出的电平状态受触发器控制，而触发器受上比较器 6 脚和下比较器 2 脚的控制。当触发器接受上比较器 A1 从 R 脚输入的高电平时，触发器被置于复位状态，3 脚输出低电平。
- 4 脚是复位端，当 4 脚电位小于 0.4V 时，不管 2、6 脚状态如何，输出端 3 脚都输出低电平。

- 5 脚是控制端。
- 6 脚和 2 脚是互补的，2 脚只对低电平起作用，高电平对它不起作用，即电压小于 $1/3U_{CC}$，此时 3 脚输出高电平。6 脚为阈值端，只对高电平起作用，低电平对它不起作用，即输入电压大于 $2/3U_{CC}$，称为高触发端，3 脚输出低电平，但有一个先决条件，即 2 脚电位必须大于 $1/3U_{CC}$ 时才有效。3 脚在高电位接近电源电压 U_{CC}，输出电流最大可达 200mA。
- 7 脚称为放电端，与 3 脚输出同步，输出电平一致，但 7 脚并不输出电流，所以 3 脚称为实高（或低）、7 脚称为虚高。
- 8 脚为电源端。

（二）实践做一做

1. 元器件检测

1）电阻

编　号	标 称 值	测量值（欧姆）	编　号	标 称 值	测量值（欧姆）
R_1			R_4		
R_2			R_5		
R_3			R_6		

2）其他器件

名　称	型 号 规 格	检　测	是 否 合 格
电位器 1 支 R_P	3362-1-203（20kΩ）		
电解电容 1 只 C_1	CD11-25V-100μF		
电解电容 1 只 C_4	CD11-25V-10μF		
瓷片电容 2 只 C_6、C_7	CT4-63V-0.1μF		
瓷片电容 2 只 C_2、C_3	CT4-63V-0.01μF		
瓷片电容 1 只 C_5	CT4-63V-0.47μF		
发光二极管 1 只 VD	3mm（红）直		
集成电路 1 个 IC	NE555		
单排针 3 个 J1-J3	2.45nn-直		
通用板	1 块		

2. 正弦信号发生器的组装

1）电子元器件的焊接顺序

元器件焊装顺序依次为：电阻、电位器、集成芯片管脚座、瓷片电容、排针、发光二极管、电解电容、放置芯片，等等。

2）电子元器件的焊接要求

（1）电阻焊接

按原理图和装配图将电阻器准确装入规定位置。要求标记向上，字向一致。装完同一种规格后再装另一种规格，尽量使电阻的高低一致。焊完后将露在印制电路板表面的多余引脚齐根剪去。

（2）电位器焊接

注意电位器按图装入规定位置，焊接时间尽可能短，焊接要贴底焊，最后用镊子修正位置。

（3）集成芯片管脚座焊接

首先按图纸要求，检查型号、引脚位置是否符合要求。注意芯片管脚座豁口与电路板上芯片封装豁口方向对应插接正确；焊接时先焊斜对脚，以使其定位，保证所有引脚都在焊接面时，然后再从左到右、自上而下逐个焊接，芯片管脚座要贴底焊。

（4）瓷片电容焊接

按原理图和装配图将电容准确装入规定位置，瓷介电容没有正负极之分，所以可以直接焊接，保证焊接瓷介电容裸漏引脚高度要在 3～5mm 之间，注意焊接先焊一个引脚，方便调整其高度及摆正位置。

（5）排针的焊接

按原理图和装配图将排针准确装入规定位置，保证排针焊接要正，如果不正，需要用大拇指压着黑色塑料处，进行修正。

（6）发光二极管的焊接

二极管焊接要注意以下几点：第一，注意阳极、阴极的极性，不能装错；第二，焊接高度为裸露引脚高度要在 3～5mm 之间；第三，焊接时间不要超过 3s。

（7）电解电容焊接

电容按原理图和装配图装入规定位置，并注意有极性电容器其“＋”极与“－”极不能接错，电容器上的标记方向要易看可见。

3. 正弦信号发生器的调试

首先要求将稳压电源的输出电压调整为 6.0V（±0.1 V），接入电路后测量如下值：

（1）集成电路第 8 脚电位是____________V 。

（2）电容 C_1 的作用是____________。

（3）R_P 的作用是____________。

（4）本电路是由 NE555 定时器组成的____________产生方波，然后由____________将方波转化为____________，最后用____________将方波转化为____________，但这样的输出将造成负载的输出____________波形变形，因为负载的变动将拉动波形的畸变。频率在____________到____________范围内可调。

（5）（电位器处于中间位置时）用示波器观察 J3 波形，根据下表的要求将相关波形和参数填于下表中（注意参数需有单位）。

波　形	波形周期	波形峰峰值
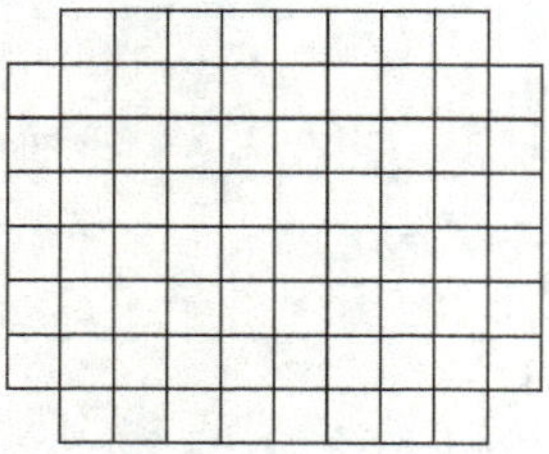		
	量程挡位	量程挡位

4. 电路故障检修

（1）第一步：通电后，观察 VD 发光二极管是否点亮。

亮：进入第二步；

不亮：检查 VD 发光二极管、R_1 之间连接的回路。

（2）第二步

有：进入第三步；

无：检查 555 组成的多谐振荡器各器件连接是否正常。

（3）第三步：使用示波器观测 R_4 与 C_5 连接点的输出波形是否为三角波。

有：进入第四步；

无：检查 R_4、C_4、C_5 之间连接是否正常。

（4）第四步：使用示波器观测 J3 输出波形是否为正弦波。

有：电路正常，故障排除；

无：检查 R_5、C_6、R_6、C_7 之间连接是否正常。

二、脉冲信号发生器的制作与测量

（一）自主学一学

1. 电路组成与工作原理

1）电路原理图

脉冲信号发生器的电路原理图如图 7-4 所示，装配图如图 7-5 所示。

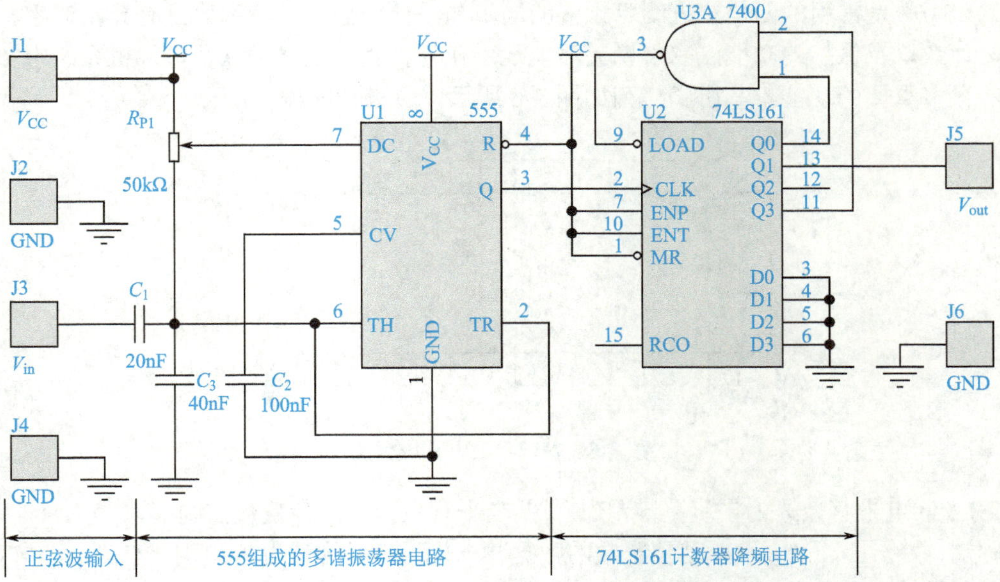

图 7-4　脉冲信号发生器电路原理图

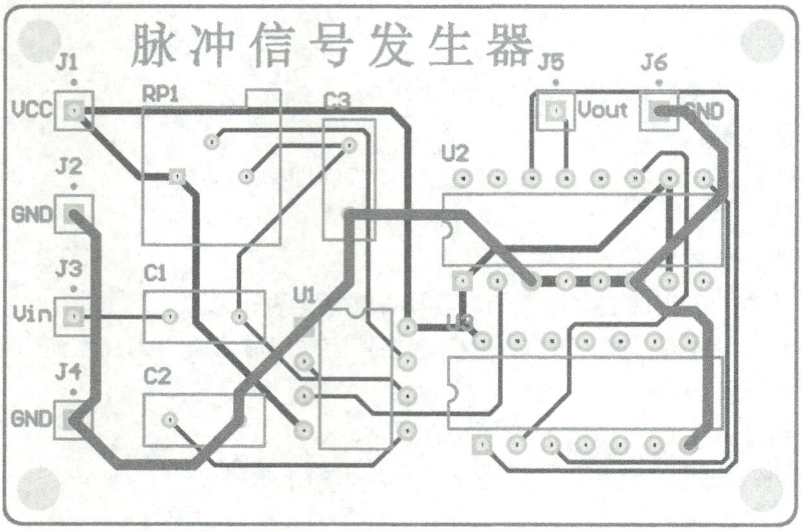

图 7-5　脉冲信号发生器电路装配图

2）工作原理

输入 1kHz 正弦波信号，再将正弦波转换成同频率的方波，然后降频到 100Hz，最终升频到 10kHz。方波转换电路有：利用施密特触发器，利用滞回比较器，利用 555 组成的无稳态多谐振荡器。由于电路设计中要求产生 10kHz 的脉冲信号，因此，用滑动变阻器改变电阻来产生 10kHz 的频率。本电路中采用 555 构成多谐振荡器，利用 **74LS161** 计数器设计的同步十进制加法计数器降频电路。

2. 芯片 74LS161 介绍

74LS161 是常用的四位二进制可预置的同步加法计数器，该计数器具有异步清零、同步置数、计数以及保持的功能。它可以灵活地运用在各种数字电路，以及单片机系统中实现分频器等很多重要的功能。其引脚排列如图 7-6 所示，引脚功能如下：

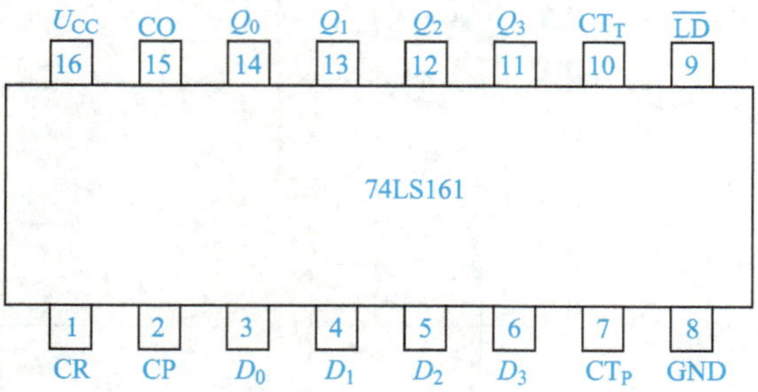

图 7-6　74LS161 引脚排列图

CR（低电平有效）为异步置零，LD（低电平有效）为同步置数控制端，CT_P、CT_T 为计数控制端，D_0、D_1、D_2、D_3 是预置数的数据输入端，CO 为进位输出端，Q_0、Q_1、Q_2、Q_3 是计数器的输出端。其具体功能说明如下：

① 同步触发器：时钟脉冲 CP 用上升沿同步触发各触发器。

② 异步清零：CR 端的负脉冲经一级门缓冲后，送到各触发器的 DR 端，强迫各触发器同时置零。

74LS161 的功能表见表 7-1。

表 7-1　74LS161 的功能表

输　入									输　出			
CR	CP	LD	CT_P	CT_T	D_3	D_2	D_1	D_0	Q_3	Q_2	Q_1	Q_0
0	Φ	Φ	Φ	Φ	Φ	Φ	Φ	Φ	0	0	0	0
1	↑	0	Φ	Φ	d	c	b	a	d	c	b	a
1	↑	1	0	Φ	Φ	Φ	Φ	Φ	Q_3	Q_2	Q_1	Q_0
1	↑	1	Φ	0	Φ	Φ	Φ	Φ	Q_3	Q_2	Q_1	Q_0
1	↑	1	1	1	Φ	Φ	Φ	Φ	状态码加 1			

从 74LS161 功能表中可以知道，当清零端 CR=“0”，计数器输出 Q_3、Q_2、Q_1、Q_0 立即为全“0”，这个时候为异步复位功能。当 CR=“1”且 LD=“0”时，在 CP 信号上升沿作用后，74LS161 输出端 Q_3、Q_2、Q_1、Q_0 的状态分别与并行数据输入端 D_3，D_2，D_1，D_0 的状态一样，为同步置数功能。而只有当 CR=LD=EP=ET=“1”、CP 脉冲上升沿作用后，计数器加 1。74LS161 还有一个进位输出端 CO，其逻辑关系是 CO= $Q_0 \cdot Q_1 \cdot Q_2 \cdot Q_3 \cdot CT_T$。合理应用计数器的清零功能和置数功能，一片 74LS161 可以组成 16 进制以下的任意进制分频器。

（二）实践做一做

1. 元器件检测

名　称	型 号 规 格	检　测	是 否 合 格
电位器 1 支 RP_1	3362-1-503（50kΩ）		
瓷片电容 C_1	CT4-63V-20nF		
瓷片电容 C_2	CT4-63V-100nF		
瓷片电容 C_3	CT4-63V-40nF		
单排针 5 个 J1-J5	2.54mm-直		
集成电路 1 块 U1	NE555		
集成电路 1 块 U2	74LS161		
集成电路 1 块 U3	7400		
印制电路板 1 块	配套		

2. 脉冲信号发生器的组装

1）电子元器件的焊接顺序

元器件焊装顺序依次为：电位器、集成芯片管脚座、瓷片电容、排针、放置芯片，等等。

2）电子元器件的焊接要求

（1）电位器焊接

注意电位器按原理图和装配图装入规定位置，焊接时间尽可能短，焊接要贴底焊，最后用镊子修正位置。

（2）集成芯片管脚座焊接

首先按图纸要求，检查型号、引脚位置是否符合要求。注意芯片管脚座豁口与电路板上芯片封装豁口方向对应插接正确；焊接时先焊斜对脚，以使其定位，保证所有引脚都在焊接面时，再从左到右、自上而下逐个焊接，芯片管脚座要贴底焊。

（3）瓷片电容焊接

按原理图和装配图将电容准确装入规定位置，瓷介电容没有正负极之分，可以直接焊接，保证焊接瓷介电容裸露引脚高度要在 3～5mm 之间，注意焊接先焊一个引脚，方便调整其高度及摆正位置。

（4）排针的焊接

按图将排针准确装入规定位置，保证排针焊接要正，如果不正，需要用大拇指压着黑色塑料处，进行修正。

3. 脉冲信号发生器的调试

首先要求将稳压电源的输出电压调整为 5.0V（±0.1 V），接入电路后测量如下值：

1. 集成电路 U1 的第 8 脚电位是__________V。

2. 电容 C_1 的作用是______________________。

3. 把电位器调到中心点位置，将 J5 点的输出波形和参数填于下表中（注意参数需有单位）。

波　形	波 形 频 率	波形的最高电平
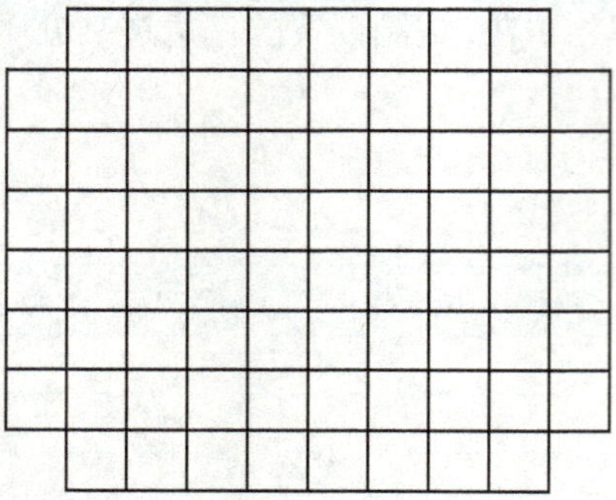		
	波形的最低电平	示波器 X 轴量程挡位

4. 电路故障检修

1. 第一步：通电后，使用信号发生器给 J3 输入一个 1kHz 的正弦波，使用示波器观测 555 的第 3 脚输出波形是否为方波。

有：进入第二步；

否：检查 555 组成的多谐振荡器各器件连接是否正常。

2. 第二步：使用示波器观测 J5 点波形是否为脉冲信号波形。

有：电路正常，故障排除；

无：检查 74LS161、7400 各引脚连接是否正确。

三、MF47 万用表的制作与测量

（一）自主学一学

1. MF47 万用表简介

MF47 万用表是中等专业学校常用的测量仪表，其组装与测量涵盖了简单直流电路、复杂直流电路、电阻测量电路、交直流电压测量电路及直流电流测量电路的应用。如图 7-7 所示，MF47 型指针式万用表的面板主要由提把、表头、机械调零、欧姆调零、晶体管插孔、10A 电流插孔、正表笔插孔、负表笔插孔及测量选择开关等组成。表头的每一个刻度都与测量选择开关的量程一一对应，如图 7-8 所示。

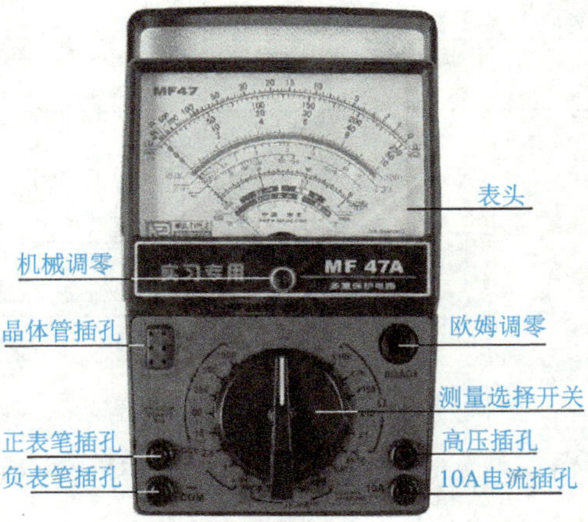

图 7-7　万用表的面板

图 7-8　万用表的表头

2. MF47 万用表电路结构

万用表的测量电路如图 7-9 所示，它主要由电阻“Ω”、直流电流“mA”、直流电压“V”、交流电压“V”等测量电路组成。

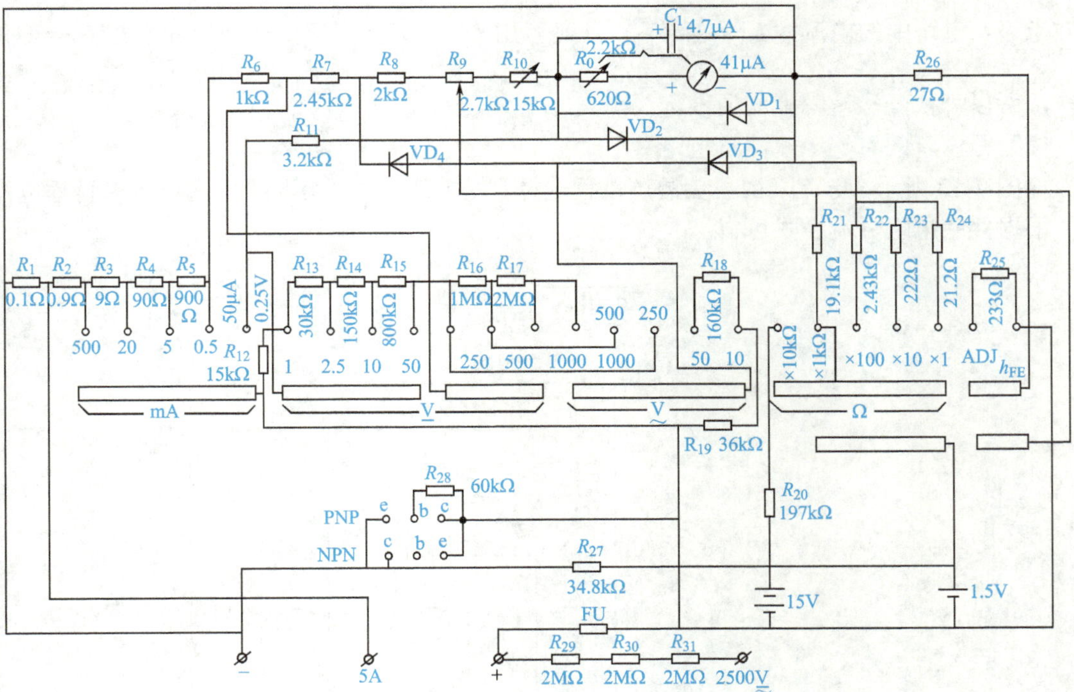

图 7-9　MF47 型万用表的测量电路

3. MF47 万用表测量电路简析

(1) 万用表的电阻测量电路

万用表电阻测量的电路原理图如图 7-10 所示，电路中，流过表头的电流为

$$I=\frac{E}{R_g+R_0+R_p+R_x}=\frac{E}{R_0^{'}+R_x} \tag{7-1}$$

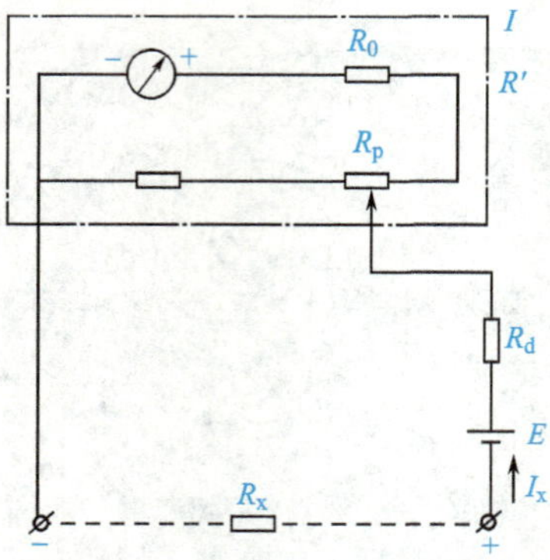

图 7-10　测电阻电路原理图

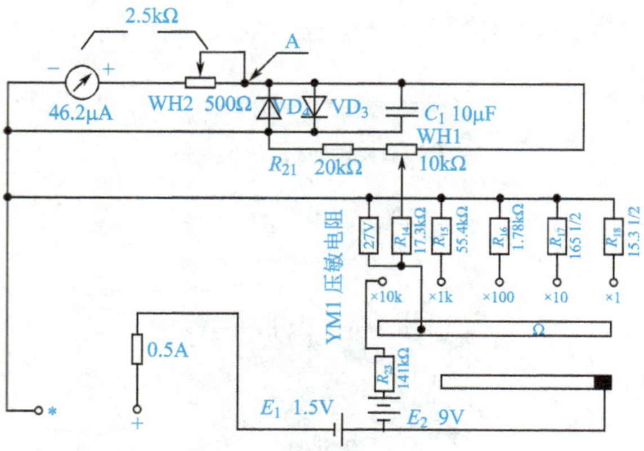

图 7-11　MF47 电阻测量电路

R_0'为戴维南等效电路的电阻，由式 7-1 可知，当被测电阻 R_x=0 时，电流为最大，电流表的表针应指在 0Ω（最右端），当$R_x \to \infty$时，指针应在最左端不动，电流为零（相当于断路）。由于 R_x 在分母上，电流随电阻呈非线性变化，所以测电阻的欧姆表指针是非线性的。

如图 7-10 所示是一实际的测量电阻的电路。在图 7-11 中 R_{p1}（WH1）为调零电阻，R_{p2}（WH2）为微调电阻，当 R_x=0 时（短路），调 R_{p1}，使电阻指示值为零（调零）。

该电阻测量电路虽然较复杂，但对于被测电阻 R_x 而言，它仍可应用戴维南定理，求出其等效电路，电路中的电流为$I=\dfrac{E}{R_0''+R_x}$，还是可用式 7-1 表示。每换一个量程，R_x 都会变化一次，所以每换一次量程都应调零。

（2）万用表的直流电流测量电路

如图 7-12 所示，电流表由表头通过量程选择开关并联不同的电阻，就构成了多量程电流表，根据并联电阻分流公式可得：

$$I_g=\frac{I\cdot R_x}{R_g+R_x} \tag{7-2}$$

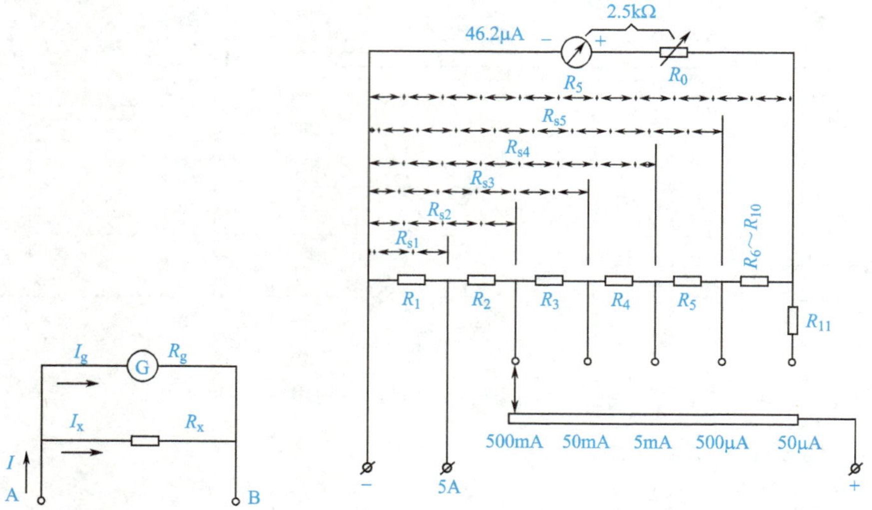

（a）直流电流测量电路原理图　　（b）直流电流测量实际电路

图 7-12　MF47 万用表直流电流测量电路

若 $I_g = 46.2\mu A$，当 R_x=R_1 时，电流表的量程 I 为 92.4μA。在图 7-12（b）中，当 $R_x = 555\Omega$ 时，电流表的量程为 5mA。选择不同的 R_x，可实现不同的量程，任意量程的直流电流测量电路都可等效成如图 7-12（a）所示的电路。MF47 型万用表有 5A、500mA、50mA、5mA、0.5mA、0.05mA 六个量程。

（3）直流电压表

如图 7-13 所示，多量程直流电压表由表头串联不同的“电阻组合”构成，每个电阻组合都可等于效成电阻 R_x，由串联分压公式可得：

$$U_g = I_g R_g = \frac{UR_g}{R_g + R_x} \qquad (7\text{-}3)$$

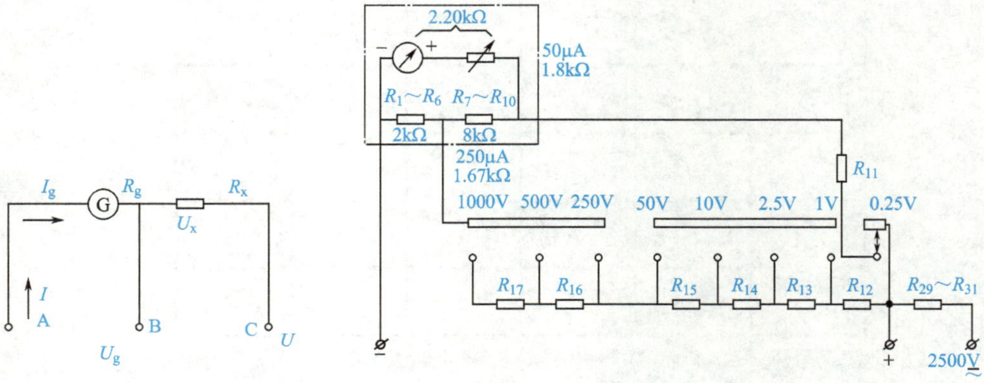

（a）直流电压测量原理电路　　（b）直流电压测量实际电路

图 7-13　MF47 万用表直流电压表测量电路

在图 7-12（b）中，

当 $R_x = 15k\Omega$ 时，量程 U=1V，

当 R_x=15+30=45kΩ时，量程 U=2.5V；

当 R_x=45+150=195kΩ时，量程 U=10V。

如图 7-13（b）所示，MF47 万用表的量程有 1V、2.5V、10V、50V、250V、500V、1000V、2500V8 个量程。

（4）交流电压表

如图 7-14 所示，交流电压只有正半周通过二极管 VD_1，同时 VD_3 使表头不同意见的被钳位在 0～7V 左右，VD_2、VD_4 为负半周的电压或电流，电容起稳定直流电压的作用。

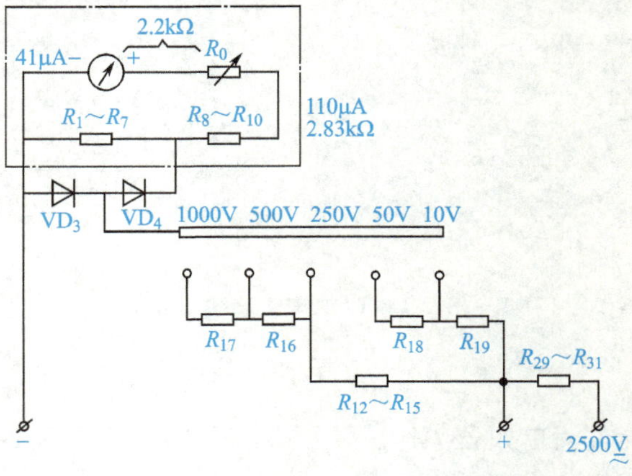

图 7-14　MF47 交流电压测量电路

（二）仿真练一练

1. MF47 万用表的电阻仿真识读

如图 7-15 所示，打开万用表仿真识读软件，单击 R_1 的“色环排序”，会显示“黑黄紫银”，在“电阻值”的对话框中输入“0.47”同样输入其他电阻值，单击“提交”按钮，会自动批改显示对错，还可以选择“订正”、“再练一次”、“正确答案”按钮。

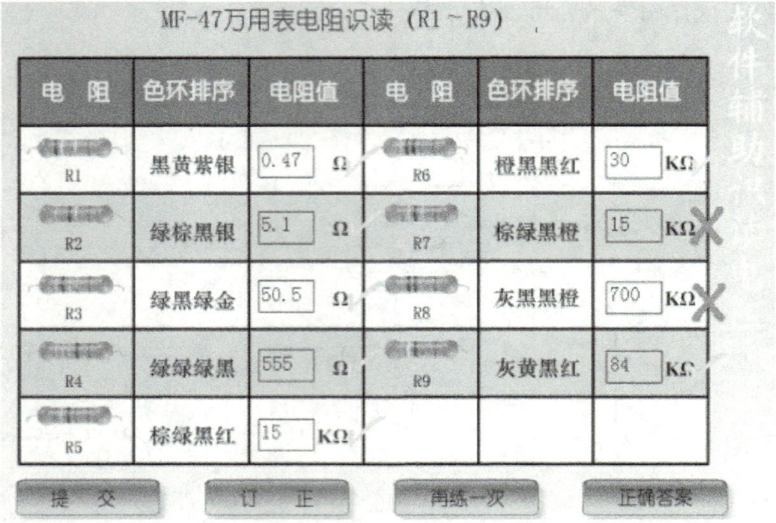
MF-47万用表电阻识读（R1～R9）

电　阻	色环排序	电阻值	电　阻	色环排序	电阻值
R1	黑黄紫银	0.47 Ω	R6	橙黑黑红	30 KΩ
R2	绿棕黑银	5.1 Ω	R7	棕绿黑橙	15 KΩ
R3	绿黑绿金	50.5 Ω	R8	灰黑黑橙	700 KΩ
R4	绿绿绿黑	555 Ω	R9	灰黄黑红	84 KΩ
R5	棕绿黑红	15 KΩ			

图 7-15　电阻的仿真识读

2. MF47 万用表的仿真安装

在万用表的仿真安装过程中，用鼠标选中右侧需要安装的元件，拖动到安装位置，松开鼠标即可，如果安装位置不对，元件会自动回到右侧的元件库。如图 7-16（a）所示是电阻的仿真安装，如图 7-16（b）所示是插座等元件的仿真安装。

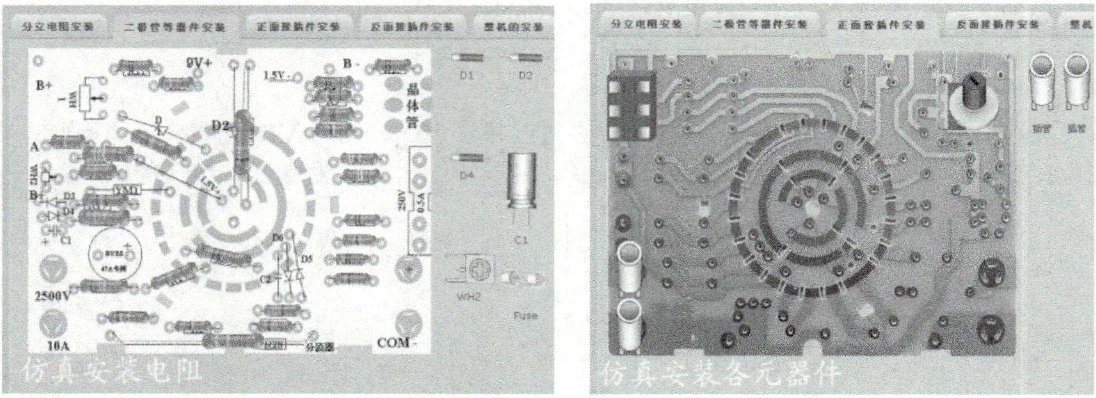

（a）　　（b）

图 7-16　MF47 万用表的仿真安装

（三）实践做一做

MF47 型万用表的元件清单如表 7-1 所示。根据表 7-1 所列的元件逐一核对检测。

MF47 万用表电路元件检测

1. 检测电阻

根据色标读出 R_1～R_{23} 的阻值，其中 R_1 为铜导线。在识读电阻的同时，用万用表检测，验证识读是否正确，如表 7-2 所示。

表 7-2 MF47 型万用表的元件清单

编　号	值（单位：欧姆）	编　号	值（单位：欧姆）
R_1	0.44	R_{16}	1.78k
R_2	5	R_{17}	165
R_3	50.5	R_{18}	15.3
R_4	555	R_{19}	56
R_5	15k	R_{20}	180
R_6	30k	R_{21}	20k
R_7	150k	R_{22}	2.69k
R_8	800k	R_{23}	141k
R_9	84k	R_{24}	46k
R_{10}	360k	R_{25}	32k
R_{11}	1.8M	R_{26}	6.75M
R_{12}	2.25M	R_{27}	6.75M
R_{13}	4.5M	R_{28}	4.15k
R_{14}	17.3k	R_{29}	0.05
R_{15}	55.4k		
名　称	**规格或数量**	**名　称**	**规格或数量**
可调电阻 1 支	WH2.102 或 501	螺钉	M3×6　2 个
电位器 1 支	WH1.103 旋钮 1 只	电池夹	4 个
电容器 1 只	C110U/16V（C_2 不装）	V 形电刷	1 个
二极管 4 只 VD_1～VD_4	1N4007（VD_5、VD_6 不装）	表笔插管	4 个
保险夹 2 只	0.5A 保险管 1 只	表笔	1 副
细线五条	3 条短线、2 条长线	使用说明书	1 份
+、-极片	1.5V 正、负极片	线路板	1 块
+、-极片	9V 正、负极片	机壳（带表头）	1 套
晶体管插座	配套插片 6 条	外包装盒	1 个

2. 检测电容

万用表选择 1k 电阻挡，将黑表笔搭接在电解电容的正极（为什么？），红表笔搭接在电解电容的负极，如果指针向右迅速偏转并很快回到无穷大附近，说明电解电容是好的，如果指针在无穷大处不动或向右偏转停在零处不动各说明什么？请思考回答。

电解电容的正极引脚较长，且有“+”标注。如果没有明显标注，可用万用表测量，根据正接时漏电流小（阻值大），反接时漏电流大来判断。

3. 检测晶体二极管

如图 7-17（a）所示，万用表选 10Ω 或 100Ω 电阻量程，红表笔接二极管的负极，黑表笔接二极管的正极，这时二极管正向电阻较小；如图 7-17（b）所示，万用表选 1kΩ 电阻量程，红表笔接二极管的正极，黑表笔接二极管的负极，这时二极管正向电阻较大，表明二极管是好的。如果两次读数均为无穷大或零，表明二极管开路或被击穿。

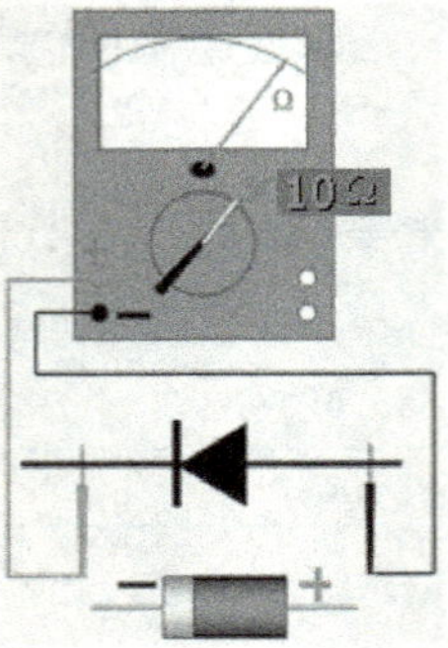

（a）

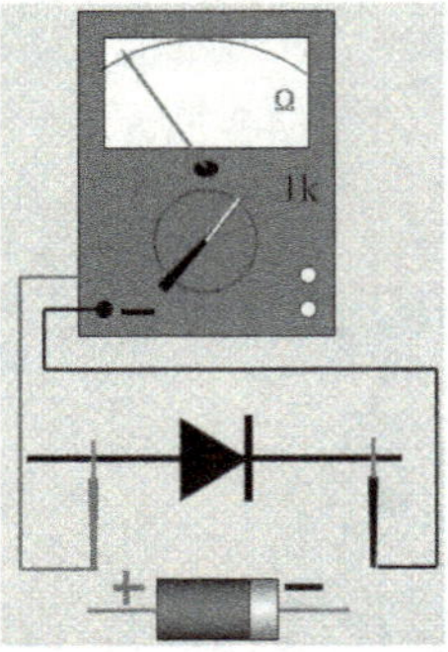

（b）

图 7-17　晶体二极管的检测

4. 检测万用表表头

如图 7-18 所示，R_p 置最大值，逐渐调小可变电阻 R_p，使之满足式 7-4，求出电阻 R_g。

$$\frac{U_s}{R_p + R_g} = 50\mu A \tag{7-4}$$

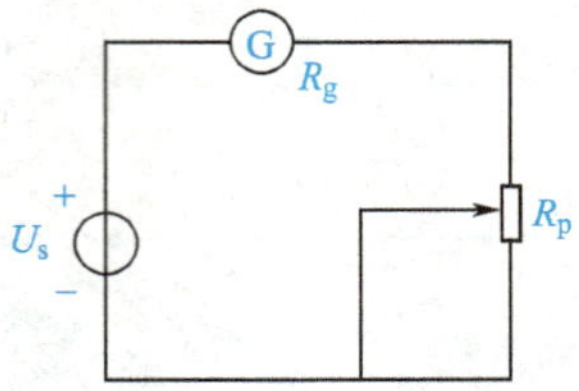

图 7-18　检测表头

焊接 MF47 万用表元件组装万用表

1. 焊接万用表的注意事项

（1）注意保管元件，不能丢失。

（2）每焊接一个元件时，都应用万用表再次测量参数，防止错装。

（3）严格按照技术要求进行焊接，防止铜板脱落、断裂，防止因焊接时间过长损坏元件，防止虚焊，防止短路。

（4）注意用电安全，遵守安全操作规则。

（5）文明操作，不损坏公物、器材，节约用电，节约原材料。

（6）精益求精，虚心请教，互帮互学。

（7）守纪、整洁、卫生。

2. 万用表焊接步骤

（1）焊接二极管，焊接时注意二极管的极性。

（2）焊接电阻，焊接时注意电阻的阻值必须无误。焊接电阻时，色环的朝向如图 7-19 所示。

（3）焊接电位器、可调电阻和电解电容器等，焊接电解电容器时极性必须安装正确。

（1）（2）（3）步可根据理实一体化教学的需要，按电阻、电流、电压等测量电路进行安装，把电路安装、技能训练、理论学习有机地结合起来。

（4）如图 7-20 所示，焊接四只表笔输入插管，焊接时注意插管与板面垂直，三个引脚都要焊接。

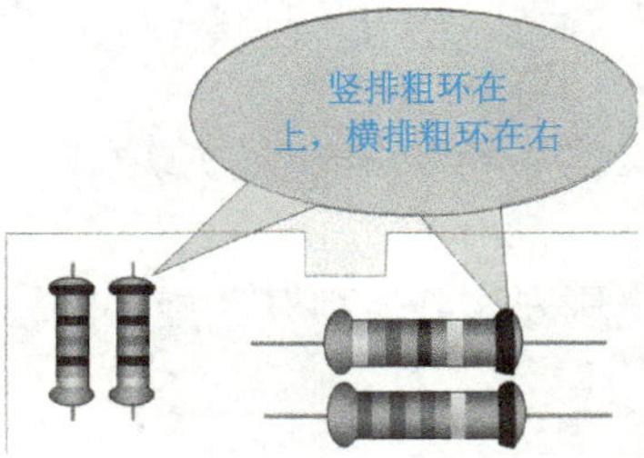

图 7-19　色环电阻的排列规则

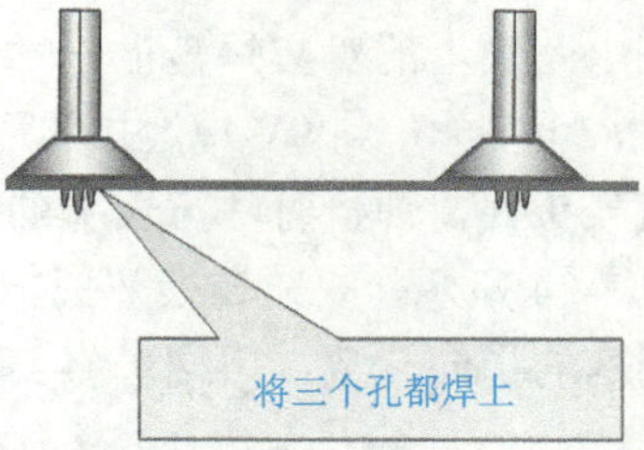

图 7-20　焊接四只表笔输入插管

（5）安装和焊接熔断器夹（方法同焊接表笔输入插管）。

（6）如图 7-21 所示，安装和焊接晶体管插座，先将六只晶体管插脚插入插座后，安装到电路板的相应位置，露出插座的插脚部分，分别再穿入电路板的六个孔中。插座安装到位后，再将六个插脚焊接在电路板上（安装时注意垂直）。

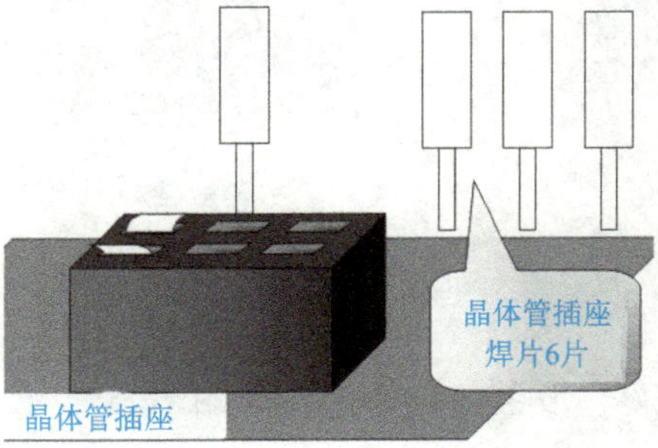

图 7-21　焊接晶体管座

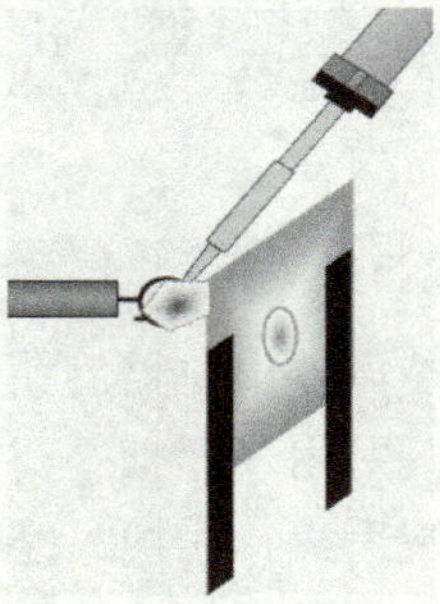
图 7-22　焊接电池极片

（7）焊接电池极片

如图 7-22 所示，焊接时先将烙铁蘸松香点在极片上，再点上焊锡，然后将镀过焊锡的导线焊接在极片上。

（8）焊接连接线

焊接时先将焊点熔化，再将镀过焊锡的导线焊接在焊点上。焊接好的 MF47 万用表电路板如图 7-23 所示。

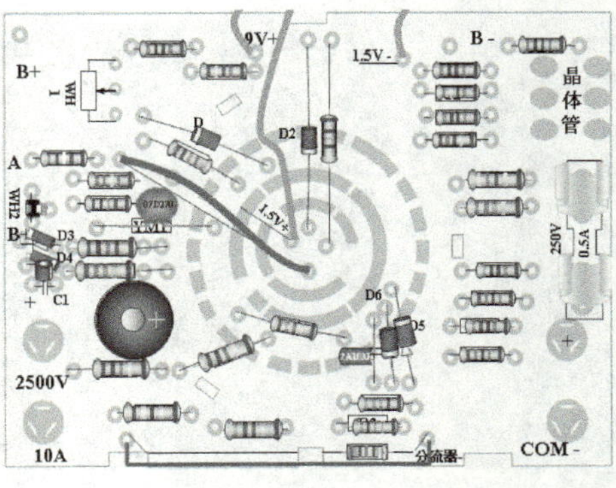

图 7-23　安装好的 MF47 万用表电路板

3. 万用表的组装步骤

（1）安装电路板，将电路板安装在万用表表壳内。

（2）安装 1.5V 电池夹，将一根红导线和一根黑导线分别焊在 1.5V 的两个电池夹的焊位上，两个电池夹卡在面板的卡槽内，注意电池的正负极，接红线的为正极，将红、黑两根引线再分别焊到电路板上的对应焊盘上。

（3）焊接 9V 电池扣，将 9V 电池扣的两根导线分别焊到电路板的对应焊盘上（红正、黑负）。

（4）焊接表头线，焊接时注意表头的正负极。

（5）如图 7-24 所示，安装转换开关电刷，将电刷安装到转换开关旋钮转轴上，电刷的电极方向应与旋柄的指向一致，用螺母将其固定好。

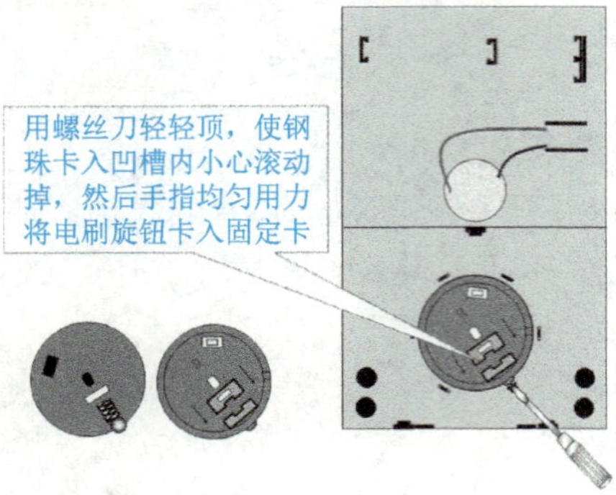

图 7-24　安装转换开关电刷

图 7-25　安装好的万用表

（6）安装调零电位器旋钮。

（7）安装万用表提把。

（8）安装后盖，用两只螺钉将后盖固定好。安装好的万用表如图 7-25 所示.

MF47 型万用表的调试

1. 机械调零

如图 7-26 所示，对表头调零试验，调节机械调零旋钮，指针能左右灵活旋转，能准确停在零位。

2. 电阻调零

如图 7-27 所示，对每一电阻挡调零。调零时，指针能在零欧姆位置左右灵活转动，能准确地停在零欧姆位置。

图 7-26　机械调零

图 7-27　电阻调零

误差测试

1. 电阻挡的误差测量

取一标准万用表，如数字万用表，分别在 1k 和 10k 挡测量电阻，填入表 7-3 和表 7-4 中，再用自制的万用表测量一次。

表 7-3　1k 电阻误差的测量

测量项目域次数	测量值 1	测量值 2	测量值 3	测量值 4	测量值 5	平均值	标准值
测量与计算数据							

根据平均值计算绝对误差和相对误差。

绝对误差：

相对误差：

表 7-4　10k 电阻误差的测量

测量项目域次数	测量值 1	测量值 2	测量值 3	测量值 4	测量值 5	平均值	标准值
测量与计算数据							

根据平均值计算绝对误差和相对误差。

绝对误差：

相对误差：

2. 直流电流挡的误差测量

如图 7-28 所示，将数字万用表旋至直流电流挡，如 200μA 挡。被测万用表水平放置，调整电位器使数字万用表显示 50μA，检查被测万用表是否指示满度值。正负误差不超过 1 格。如超出范围应调整万用表的 WHZ 电阻直至合格为止。如不能调整至合格范围，应检查是否有错装、漏焊等现象。

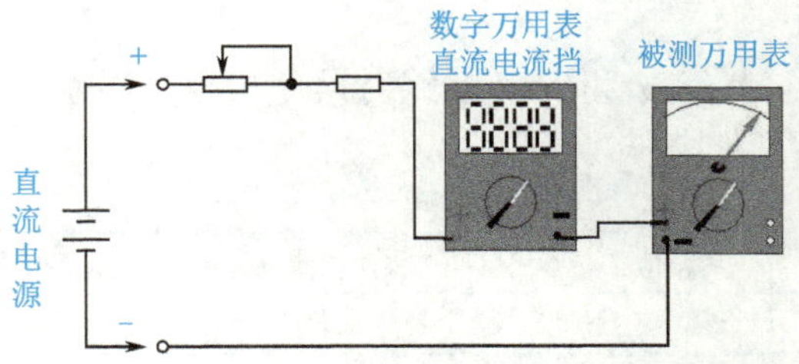

图 7-28　直流电流挡校试与误差测量

直流电流表挡基准挡调好后就可以对电流表的任意一挡（如 5mA 挡）进行相对误差分析，将标准表与自制的被测万用表的读数进行比较，求出绝对误差与相对误差。

根据表 7-5 与表 7-6，测量 100μA 与 5mA 的绝对误差和相对误差。

表 7-5　100μA 电流误差的测量

测量项目域次数	测量值 1	测量值 2	测量值 3	测量值 4	测量值 5	平均值	标准值
测量与计算数据							

根据平均值计算绝对误差和相对误差。

绝对误差：

相对误差：

表 7-6　5mA 电流误差的测量

测量项目域次数	测量值 1	测量值 2	测量值 3	测量值 4	测量值 5	平均值	标准值
测量与计算数据							

根据平均值计算绝对误差和相对误差。

绝对误差：

相对误差：

3. 直流电压挡的误差测量

如图 5-29 所示，对直流电压表的任意一挡，如 10V 挡进行相对误差分析，将标准表与自制的被测万用表的读数进行比较，求出绝对误差与相对误差。如果某一挡的误差过大，应检查是否有电阻焊接错误。

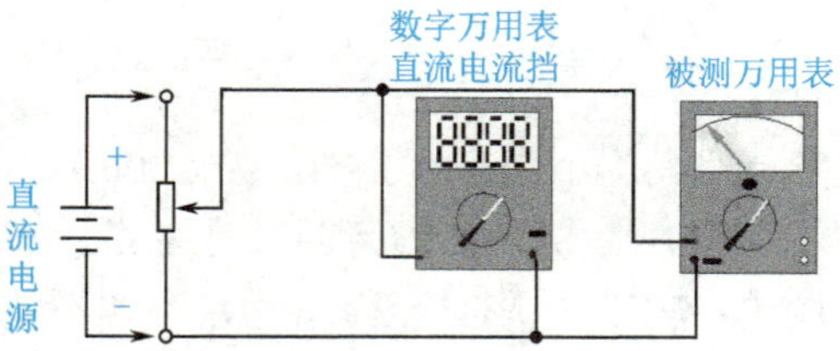

图 7-29　直流电压挡校试与误差测量

根据表 7-7 与表 7-8，测量 6V 和 36V 的绝对误差与相对误差。

表 7-7　6V 电压误差的测量

测量项目域次数	测量值 1	测量值 2	测量值 3	测量值 4	测量值 5	平均值	标准值
测量与计算数据							

根据平均值计算绝对误差与相对误差。

绝对误差：

相对误差：

表 7-8　36V 电压误差的测量

测量项目域次数	测量值 1	测量值 2	测量值 3	测量值 4	测量值 5	平均值	标准值
测量与计算数据							

根据平均值计算绝对误差与相对误差。

绝对误差：

相对误差：

4. 工作任务报告

工作任务　MF47 万用表的组装与测量

班级		姓名		得分	
学号		同组学生		时间	

1）工作任务、目的（10 分）

2）实验器材与检测（30 分）

MF47 型万用表的元件清单

编　号	标 称 值	测量值（欧姆）	编　号	标 称 值	测量值（欧姆）
R_1		0.44	R_{16}		1.78k
R_2		5	R_{17}		165
R_3		50.5	R_{18}		15.3
R_4		555	R_{19}		56
R_5		15k	R_{20}		180
R_6		30k	R_{21}		20k
R_7		150k	R_{22}		2.69k
R_8		800k	R_{23}		141k
R_9		84k	R_{24}		46k
R_{10}		360k	R_{25}		32k
R_{11}		1.8M	R_{26}		6.75M
R_{12}		2.25M	R_{27}		6.75M
R_{13}		4.5M	R_{28}		4.15k
R_{14}		17.3k	R_{29}		0.05
R_{15}		55.4k			

名　称	规　格	检　测	是否合格
可调电阻 1 支	WH2.102 或 501		
电位器 1 支	WH1.103 旋钮 1 只		
电容器 1 只	C110U/16V（C_2 不装）		
二极管 4 只 VD_1～VD_4	1N4007（VD_5、VD_6 不装）		
保险夹 2 只	0.5A 保险管 1 只		
细线 5 条	3 条短线、2 条长线		
+、−极片	1.5V 正、负极片		

续表

名　称	规　格	检　测	是否合格
+、-极片	9V 正、负极片		
晶体管插座	配套插片 6 条		
螺钉	M3×6 2 个		
电池夹	4 个		
V 形电刷	1 个		
表笔插管	4 个		
表笔	1 付		
使用说明书	1 份		
线路板	1 块		
机壳（带表头）	1 套		
外包装盒	1 个		

3）组装操作步骤（20 分）

4）调试记录（10 分）

5）数据处理（30 分）

（1）R_1、R_2 电阻误差的测量

R_1 电阻误差的测量

测量项目域次数	测量值 1	测量值 2	测量值 3	测量值 4	测量值 5	平均值	标准值
测量与计算数据							

根据平均值计算绝对误差与相对误差。

绝对误差：

相对误差：

R_2 电阻误差的测量

测量项目域次数	测量值 1	测量值 2	测量值 3	测量值 4	测量值 5	平均值	标准值
测量与计算数据							

根据平均值计算绝对误差与相对误差。

绝对误差：

相对误差：

（2）直流电流 I_1、I_2 的误差测量

I_1 电流误差的测量

测量项目域次数	测量值 1	测量值 2	测量值 3	测量值 4	测量值 5	平均值	标准值
测量与计算数据							

根据平均值计算绝对误差与相对误差。

绝对误差：

相对误差：

I_2 电流误差的测量

测量项目域次数	测量值 1	测量值 2	测量值 3	测量值 4	测量值 5	平均值	标准值
测量与计算数据							

根据平均值计算绝对误差与相对误差。

绝对误差：

相对误差：

（3）直流电压 U_1、U_2 的误差测量

电压 U_1 误差的测量

测量项目域次数	测量值 1	测量值 2	测量值 3	测量值 4	测量值 5	平均值	标准值
测量与计算数据							

根据平均值计算绝对误差与相对误差。

绝对误差：

相对误差：

电压 U_2 误差的测量

测量项目域次数	测量值 1	测量值 2	测量值 3	测量值 4	测量值 5	平均值	标准值
测量与计算数据							

根据平均值计算绝对误差与相对误差。

绝对误差：

相对误差：

（4）交流电压的误差测量

36V 电压误差的测量

测量项目域次数	测量值 1	测量值 2	测量值 3	测量值 4	测量值 5	平均值	标准值
测量与计算数据							

根据平均值计算绝对误差与相对误差。

绝对误差：

相对误差：

220V 电压误差的测量

测量项目域次数	测量值 1	测量值 2	测量值 3	测量值 4	测量值 5	平均值	标准值
测量与计算数据							

根据平均值计算绝对误差与相对误差。

绝对误差：

相对误差：

四、课程测评

本课程测评可采用信息化试卷，人机互动方式完成测评。单击试卷计算机随机命题，自主答题，提交后计算机自动批改，显示学生个人成绩，单击数据统计，显示每题得分率、平均分、及格率、优分率、最高分和最低分。